Galileo科學大圖鑑系列

VISUAL BOOK OF THE ARTIFICIAL INTELLIGENCE

AI大圖鑑

人人出版

前　言

在我們日常生活的各個領域中，AI（人工智慧）的運用已經越來越普遍了，

例如影像辨識、自動翻譯、與它對話會給予回應的智慧型音箱等等。

但是，如果問到「AI到底是什麼？」恐怕還是有很多人不太了解！

AI存在於電腦中，無法直接看見。

而且，如果不知道電腦和程式的機制，就會很難理解其中究竟。

本書將透過實際的例子，深入淺出地解說

AI是如何應用在我們的生活中，以及依循什麼樣的機制在運作。

AI技術越加發達固然有其光鮮亮麗的一面，但也不是全然沒有弱點。

另外，還有不少人擔心「AI會不會搶走我們的工作呢？」

本書也將詳細介紹AI能做什麼事、不能做什麼事，以及AI進展的可能性。

在網際網路和電腦發達的資訊社會中，

我們的生活已經和AI密不可分。

未來的世界就像「讀書、寫字、計算」一樣，

學習AI和電腦的知識「將會是理所當然的事情」。

期待大家能透過本書，更深入理解AI，也更能發現AI的趣味。

1 什麼是AI？

2 AI的機制

3 AI與醫療

4 AI與語言溝通

5 AI與自動駕駛

6 於各個領域大顯身手的AI

7 AI的弱點與通用型AI

8 與AI共存

9 AI與教育

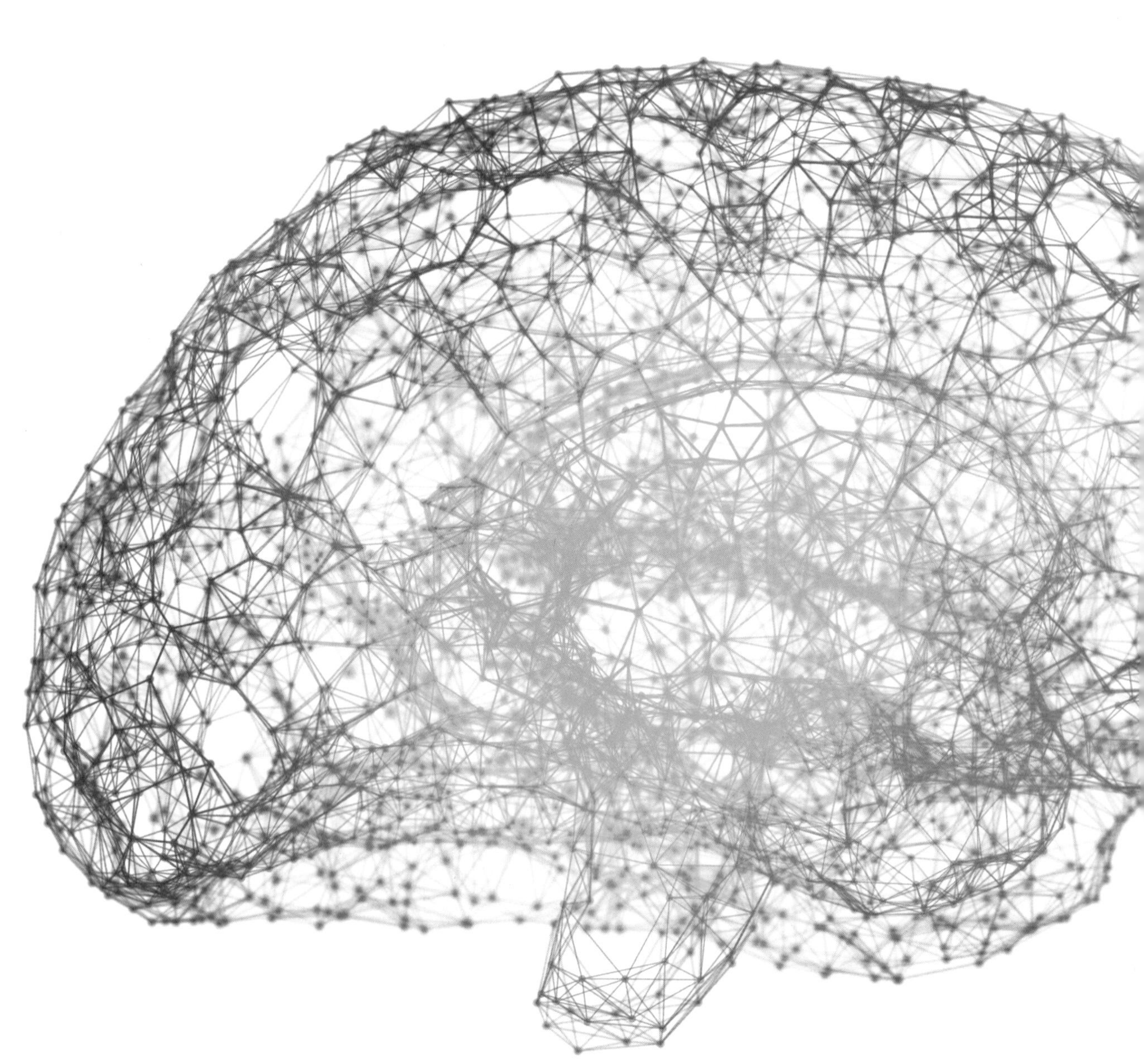

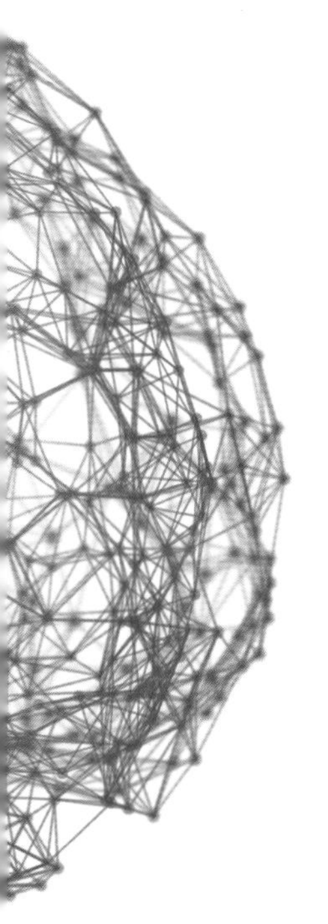

1
什麼是AI？
What is AI?

真正的AI 還沒有實現

所謂人工智慧（artificial intelligence，AI），是使電腦能像人類一樣推論及解決問題等作業的技術。

這個名詞源自1956年在美國達特矛斯學院（Dartmouth College）召開的一場研究會議，把能和人類一樣思考的智慧型電腦稱為「人工智慧」。就這個意義而言，其實目前還沒有實現真正的AI。

AI的開發可說是利用電腦製造出跟人類一樣具有「智慧」的嘗試。要使電腦做出什麼樣的行為，是由「程式」（program）來決定。例如，把影像輸入電腦，使它讀取影像後，辨識出影像中的東西是草莓，這樣的過程便是藉由程式來實現。

臉部認證系統、「Amazon Echo」等智慧型音箱、開發中的自動駕駛汽車、擊敗圍棋職業棋士的「AlphaGo」等等，這些當今備受矚目的AI，通通都還沒有達到人工智慧的水準，充其量只是把接近人類智慧的人造機能稱為AI而已。

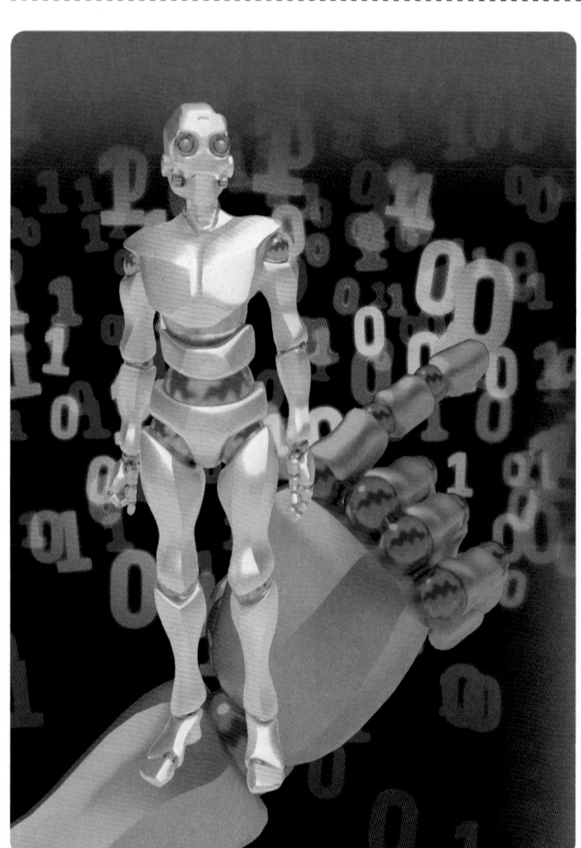

利用電腦重現如同人類的智慧

AI的實體是利用程式使其具備聰明機能的電腦。雖然在許多場合會把它描述成表現出像人類行為的機器人，但追根究柢，AI是相當於人類的「頭腦」機能，並不是指稱機器人這個名詞。不過，也有不少研究者認為，若要使AI真的達到人類般的智慧，必須給予身體才行。

```
m = 0
 =  xrange(1,num_of_class)
m_TP, sum_P, sum_T = {x: 0 for x in CL}, {x: 0 for x in CL}, {x: 0 fo
rm = np.random.permutation(len(x_te))
 i in xrange(0, len(x_te), BL):
ot = perm[i:i+BL]
#print bt
x = chainer.Variable(xp.asarray(x_te[bt]), volatile='on')
t = chainer.Variable(xp.asarray(y_te[bt]), volatile='on')
out = model(x,t)
#print out
#print model.h_data
predict = np.asarray(np.argmax(cuda.to_cpu(out),axis=1),dtype=
answer = y_te[bt]
acc += np.sum( predict == answer )
sum += len(bt)
for lb in CL:
   sum_TP[lb] += np.sum( (predict == lb) * (answer == lb) )
   sum_P[lb]  += np.sum( (predict == lb))
   sum_T[lb]  += np.sum( (answer  == lb))
gger[epoc,1] = acc/sum
m_p,sum_r,sum_f=0.0,0.0,0.0
 lb in CL:
p = sum_TP[lb]/float(sum_P[lb])
```

AI的研究曾經有過兩次繁榮期

但AI並不是現在才受到萬眾矚目。

AI曾經有過兩次繁榮期。第一次AI繁榮期發生於1950年代後半到1960年代，這段期間的大多數研究是用電腦進行「探索與推論」，以求解特定的問題。例如，使電腦能夠解答謎題及迷宮、指導西洋棋等等。

但是，當時的AI只能處理事先嚴謹設定規則的作業，還談不上能夠解決實際的問題。即使是下棋，基於當時的電腦性能，強度並不足以擊敗人類。於是，AI的研究進入了第一次繁榮期後的寒冬時代。

第二次AI繁榮期發生於1980～1990年代初期。在這段期間有一項重要的研究主題，就是教導AI知識及規則的「專家系統」（expert system）。例如，運用於醫療診斷的系統，從醫生處收集病名、症狀、治療方法等知識，再交給電腦學習。透過這樣，即可根據患者的症狀確定病名，並提出治療的方法及開立藥方。

但是，後來科學家逐漸明白，若想把知識及規則滴水不漏地輸入電腦，使電腦完整學習，實務上有其困難，而且若遇到缺乏資料時，在「預設範圍」以外的問題就沒有辦法因應處理了。於是，專家系統開始出現侷限性，遂逐漸失去人們的關注。AI的研究就這樣進入第二次繁榮期後的寒冬時代。

電腦西洋棋與AI

電腦首度在1967年參加西洋棋競賽。當時使用「MacHack」這款西洋棋程式，屬於稍強的業餘棋士層級。1997年，IBM公司製造的超級電腦「深藍」（Deep Blue）打敗了世界冠軍。自第一次AI繁榮期以來持續不斷開發的西洋棋AI，終於迎來超越人類技能的那一刻。2017年，Google公司開發的「AlphaZero」打敗當時的西洋棋AI世界冠軍「Stockfish」，成為西洋棋AI的新霸主。

AI的歷史

圖示為自1956年「達特矛斯會議」首度提出人工智慧這個名詞後的AI發展過程。在2012年的影像辨識競賽「ILSVRC」中，深度學習（deep learning）這項技術獲得勝利，就此點燃第三次AI繁榮期的火種。深度學習的基礎是「類神經網路」（neural network），這項技術誕生於1960年代。

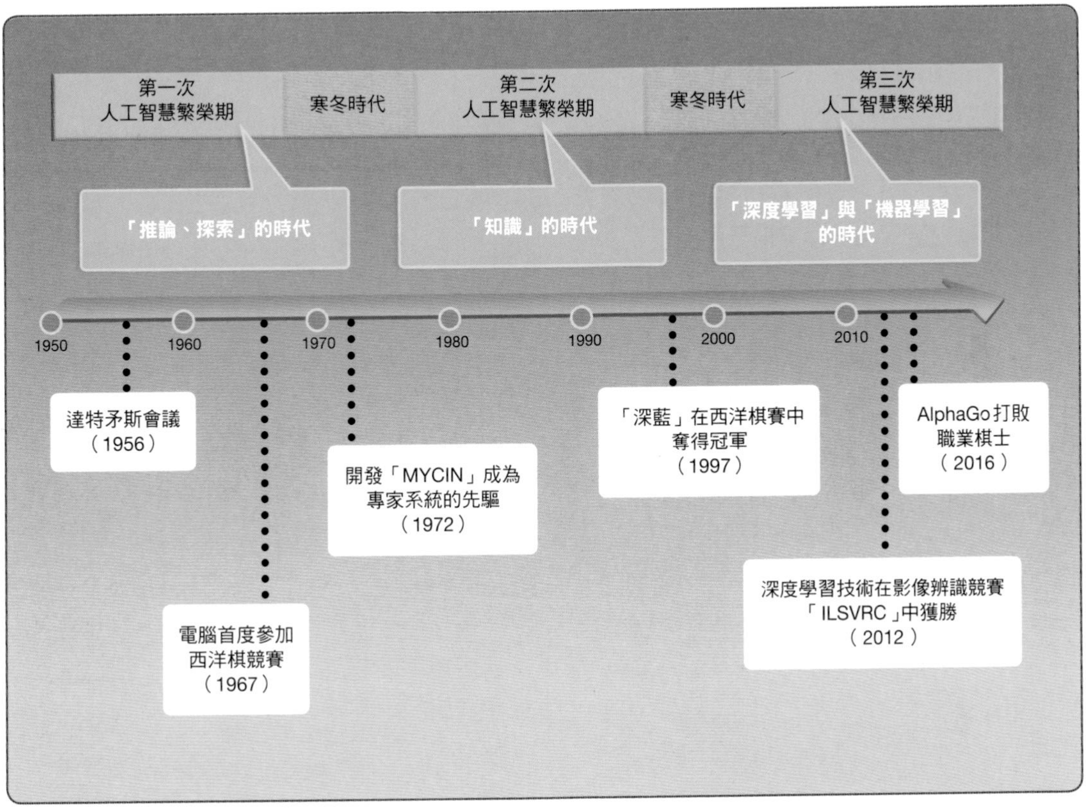

第一次人工智慧繁榮期 | 寒冬時代 | 第二次人工智慧繁榮期 | 寒冬時代 | 第三次人工智慧繁榮期

「推論、探索」的時代

「知識」的時代

「深度學習」與「機器學習」的時代

1950 1960 1970 1980 1990 2000 2010

達特矛斯會議（1956）

電腦首度參加西洋棋競賽（1967）

開發「MYCIN」成為專家系統的先驅（1972）

「深藍」在西洋棋賽中奪得冠軍（1997）

深度學習技術在影像辨識競賽「ILSVRC」中獲勝（2012）

AlphaGo打敗職業棋士（2016）

專欄 COLUMN 依據一般常識進行推論的AI「Cyc」

「Cyc」這個名稱源自「encyclopedia」（百科全書），科學家企圖使AI學習一般常識，希望它能夠進行和人類同等高度的推理。Cyc是第二次AI繁榮期發展起來的一種「專家系統」。不過，同樣是專家系統，相較於在醫療等專業領域中發揮功能的實用性AI，Cyc則是教AI學習一般的常識，希望它能夠閱讀文章的字句等，進行與人類相似的推理。Cyc計畫從1984年開始，直到現在仍然持續以人工的方式把各式各樣的一般常識輸入資料庫，無法預估何時能夠完成。

「深度學習」揭開AI新時代的序幕

——度停滯的AI研究，再度發出燦爛耀眼的光芒，受到大家矚目。

為此掀開序幕的是於2012年舉行的「ILSVRC」競賽。這是比較AI影像辨識精確度的全球性競賽，先使用100萬張影像資料，教導AI學習影像辨識，再令AI回答測試影像中的物體及其位置，藉此比較它們的精確度（辨識率）。

這一年，第一次參賽的加拿大多倫多大學以懸殊的差距擊敗了其他團隊。這個團隊所使用的AI系統，採用由電腦科學暨認知心理學的研究者辛頓（Geoffrey Hinton，1947～）等人開發的「深度學習」（deep learning）這項新技術。

當時AI的影像辨識精確度只有75%左右，就算竭盡全力，1年也只能提升1%而已。但是，多倫多大學團隊的AI採用了深度學習，精確度卻比其他團隊的AI高出10%以上，成績相當驚人。這個結果也讓全世界的AI研究者感受到極大的衝擊。

採用深度學習使AI能自行抽取出影像等資料中所含的各種特徵，得以在影像辨識及語音辨識等方面發揮優異的性能。

以此為契機，為第三次AI繁榮期揭開了序幕。近年來，深度學習的技術格外受到重視，各個領域的AI運用及研究都在如火如荼地進行中。

利用深度學習判別影像中的景物

下方照片為採用深度學習進行影像辨識的示意圖。深度學習特別擅長判別影像中的哪個位置顯現何種物件，就像下方以黃色方框表示人物、紅色方框表示背包或推車等人造物體，判別影像中顯現的物體是什麼東西。它能依據大量資料，自行抽取出影像中所含的特徵，發揮極高的辨識精確度。

專欄 COLUMN 比拼影像分類精確度的競賽「ILSVRC」

「ILSVRC」是「ImageNet Large Scale Visual Recognition Competition」（ImageNet大規模視覺辨識競賽）的縮寫，採電腦進行影像辨識技術的競賽形式舉辦的研究活動，由美國史丹福大學李飛飛教授等人籌辦。從2010年至2017年，每年舉辦一次。「ImageNet」是一種「一般物體辨識資料庫」，是為了研究如何辨識「影像中顯現什麼物體」而建立的標準資料庫。例如，資料庫中存有超過1400萬張以飛機和鳥類等自然影像為對象的影像，以及影像中所顯現 2 萬種以上的物體類別名稱（class name）。

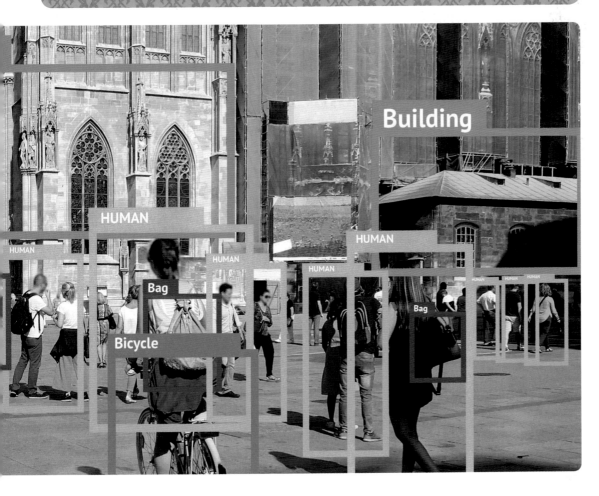

AI目前還沒有確切的定義

後文會對深度學習有更詳細的解說，基本上，它是「機器學習」（machine learning）的一種技術。

機器學習是使電腦用大量資料為基礎以自行學習的機制。

在第三次AI繁榮期中，是否具有這個「學習」的機制，成為判斷它是否為AI的一個基準。為什麼呢？因為到第二次AI繁榮期為止，人類一直把規則逐一教導電腦，把知識逐一輸入電腦，企圖使它重現智慧，因而電腦在知識的累積上有其侷限，而且它根本無法應對沒有教導過的事物。

大數據與AI

大數據是指具有龐大的數量與複雜度，以致於利用傳統技術難以管理及分析的資料群。現今社會，各界正在建構「物聯網」（Internet of Things，IoT），利用網際網路把所有的物品和資訊連結在一起，藉此在各式各樣的領域中逐步建立大數據。其中相當受到矚目的是AI這種擅長分析龐大資料的深度學習技術。在醫療方面，可以把個人的基因訊息及採自患者的血液等資料統合起來，交由AI做分析，藉此研發出癌症的新治療方法。把利用物聯網收集來的大數據，交由AI進行分析，再把因此得到的資訊和智慧回饋給現實世界，使社會更加便利且富足，這樣的概念稱為「虛實整合系統」（cyber-physical system，CPS）。

相對地，機器學習則是藉由自行學習，使其變得更聰明。在現今受到矚目的「大數據」（big data）分析上，機器學習也發揮了莫大的威力。

話雖如此，但也不是只有能學習的機制才稱為AI，除了學習型的AI之外，還有人類設定規則型的AI。此外，也可分為「通用型AI」和「自律型AI」（參照第160頁）。

也有一些機器或系統，雖然配備了機器學習或深度學習的技術，但並不稱之為AI。例如，IBM提出了「認知」（cognitive）這項獨特的概念。這是一項使電腦自行「學習」現實世界的影像及自然語言等資訊，據此導出某個答案的機制。

1956年達特矛斯會議所定義的AI是「能和人類一樣思考的智慧型電腦」。遺憾的是，截至目前為止，這種高階的AI還沒有實現。現在，則是有許多象徵那個時代，能夠聰明運作的最尖端電腦程式被稱為AI。所以，目前AI還沒有確切的定義。

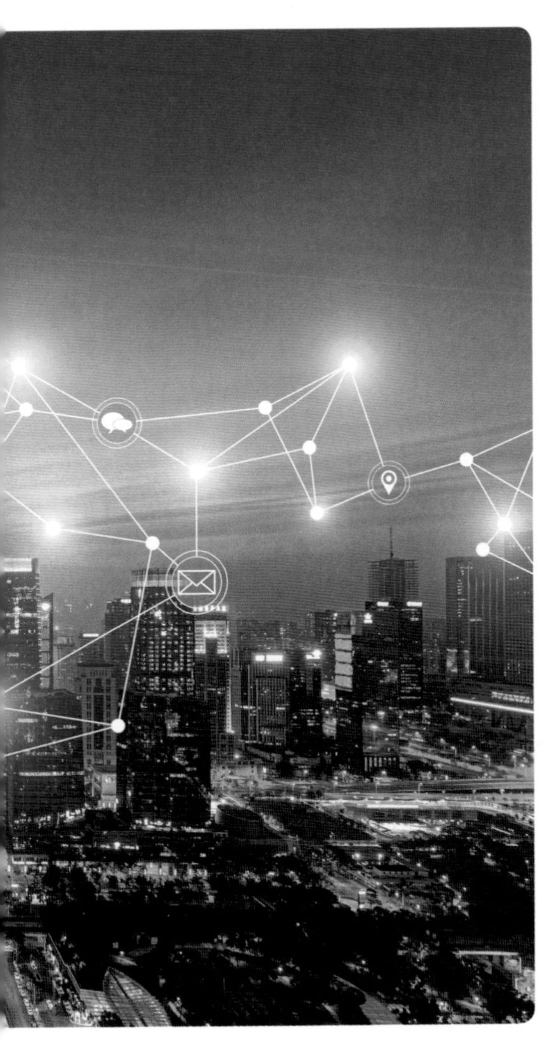

專欄 COLUMN

超級電腦和AI有什麼不同？

「超級電腦」（super computer）是指能進行大規模高速計算的電腦。其優異之處在於它的裝置（硬體）能做大規模的高速計算。相對地，AI則是指決定以何種順序進行計算的程式（軟體）。例如，一直以來，超級電腦主要用在以高精度模擬化學反應及氣象等自然現象，但其中並沒有用到所謂的AI。不過最近也有一些研究，企圖把超級電腦的性能和AI的技術巧妙地結合起來，以求創造出強力的AI系統。

AI正大舉進入我們的社會

現今社會中AI的應用已日趨普遍。

其中特別活躍的領域是影像辨識AI。例如，僅憑藉攝影機拍攝人臉，就可以進行個人身分認證的「人臉辨識系統」(face recognition system)，已經運用在機場的入境審查、智慧型手機的安全措施、警察的犯罪偵搜等各種場合。

此外，民間的氣象預報服務也運用了影像辨識AI。把人造衛星拍攝到的雨雲影像輸入電腦，教導AI學習，藉此能夠預測不久之後的天氣。把AI所做的預測和傳統人工所做的預測結合在一起，便可以提高氣象預報的精

導入AI的實例

AI逐漸普遍運用於智慧型手機的人臉辨識、民間的氣象預報系統等各個領域之中。

準度。

辨識詞彙和文章的AI也有大幅進展。現在已經出現AI的語音翻譯服務，只要對著內建這種AI的智慧型手機等機器說話，它便能精準地翻譯成所要的國家語言。另外，有些企業在召募人才時，已經開始採行由AI分析應徵者提出的履歷資料，以便挑選出期待能大展身手的候選人才。

科學及工業的領域也開始引進AI。科學技術歷經長久的歲月，累積了許許多多的實驗成果，才得以持續發展。

但是，再怎麼優秀的研究者，也無法把過去得到的全部知識都塞進腦袋裡。因此，開始有人嘗試把過去的龐大實驗資料提供給AI學習，利用它來輔助研究工作。實際上，在藥劑研發和材料研發的場域，早已引進AI，並開始得到成果。

對於研究和產業來說，利用AI分析資料並做各種輔助工作，已經逐漸成為不可或缺的一環。

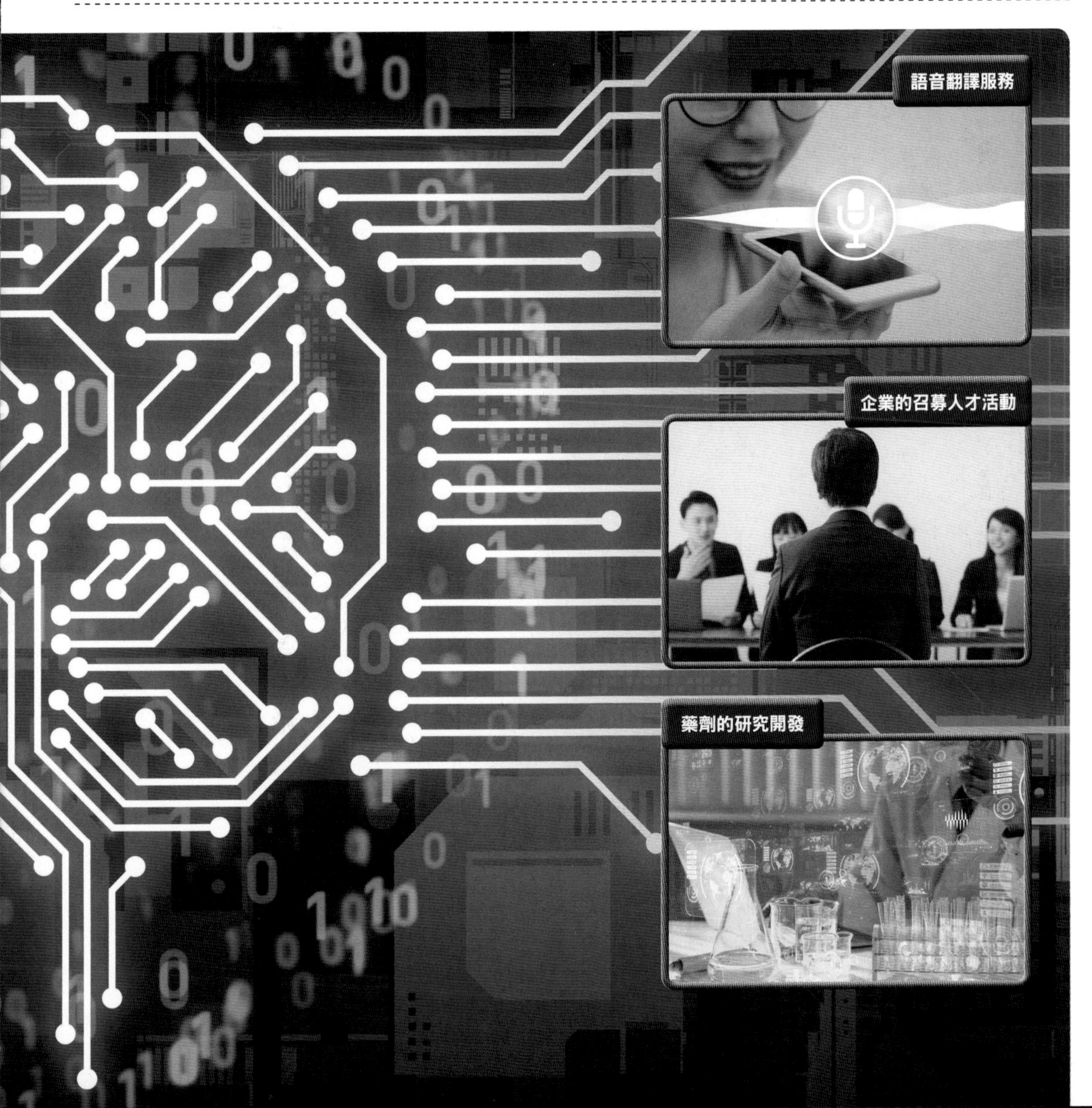

AI自行進化的那一天，「奇異點」會來臨嗎？

AI不斷突飛猛進地發展，未來會變成什麼樣子呢？研究者對未來做了各種揣測，有人悲觀地認為，過度進化的AI將會消滅人類；也有人樂觀地認為，AI將能代替人類從事所有的工作，成就幸福的社會。

在種種的未來預測當中，經常被大眾提起的是「奇異點」（singularity）。這是指AI能夠創造出比自己更優異AI的時間點。而且還有人認為，由於這個結果，急遽進化的AI將會引發無法預測的社會變化。倘若AI本身會自行進化，這可能導致AI獲得遠遠超越人類的智慧。

這個概念由美國企業家兼人工智慧研究者庫茲威爾（Ray Kurzweil，1948～）於2005年發表的著作《奇異點臨近》（The Singularity Is Near）而廣為人知。庫茲威爾預測能與人腦「結合」的AI將於2045年誕生，繼而發生奇異點。

但AI研究者普遍認為，若要讓AI創造出更聰明的AI，則需要和深度學習不一樣的突破（break through，打破課題的革新性解決方案），然後需要數十年才能研發出那樣的技術！而且，AI擁有自己的意識進而採取行動，以現在的技術來說，仍然是相當虛幻的事。所以「發生奇異點，導致人類受AI所支配」這種有如科幻電影一般的可怕未來，不可能會實現。

但另一方面，許多研究者也同意，AI今後會持續進化，也許有那麼一天會超越人類的智慧！我們要如何運用擁有高度智慧的AI呢？決定未來的鎖鑰，終究是掌握在運用AI的人類手上。

庫茲威爾
人工智慧研究的世界權威。2005年在其著作中提到技術的奇異點。

專欄 COLUMN

電腦無法脫離至「程式之外」

電腦的性能不斷地提升，但這並不代表它具有凌駕人類之上的「智慧」。

例如，人類能自行做判斷而採取行動，但電腦不會自行做判斷。它只能依循程式所設定的條件，進行判定和操作。電梯所配備的電腦裡，有一個命令它「移動到被選按的樓層，到達後開門」的程式。如果發生程式裡沒有提到的事件，那就是故障。這個情形適用於配備電腦的各種機器。掃地機器人能夠利用感測器辨識空間裡的各種障礙物，在清掃房間的途中避開障礙物。也就是說，它會自行選擇最適合的路徑，以便執行清掃房間的作業。但是，掃地機器人只會打掃，不會做其他的事情，就算你命令它「去煮飯」，也根本聽不懂你的命令，因為它只具有掃地的程式而已。相對地，人類在接收到命令時，能依自己的判斷，採取打掃或煮飯的動作。假設，我們製造出具備打掃和煮飯兩種程式的機器人，但這個機器人什麼時候要執行哪一個程式，還是得依靠人類每次給予指示，或者事先把程式編寫妥當。目前，電腦即使已經能做到某個程度的自律性行為，但仍然無法跳脫到程式的範圍外。

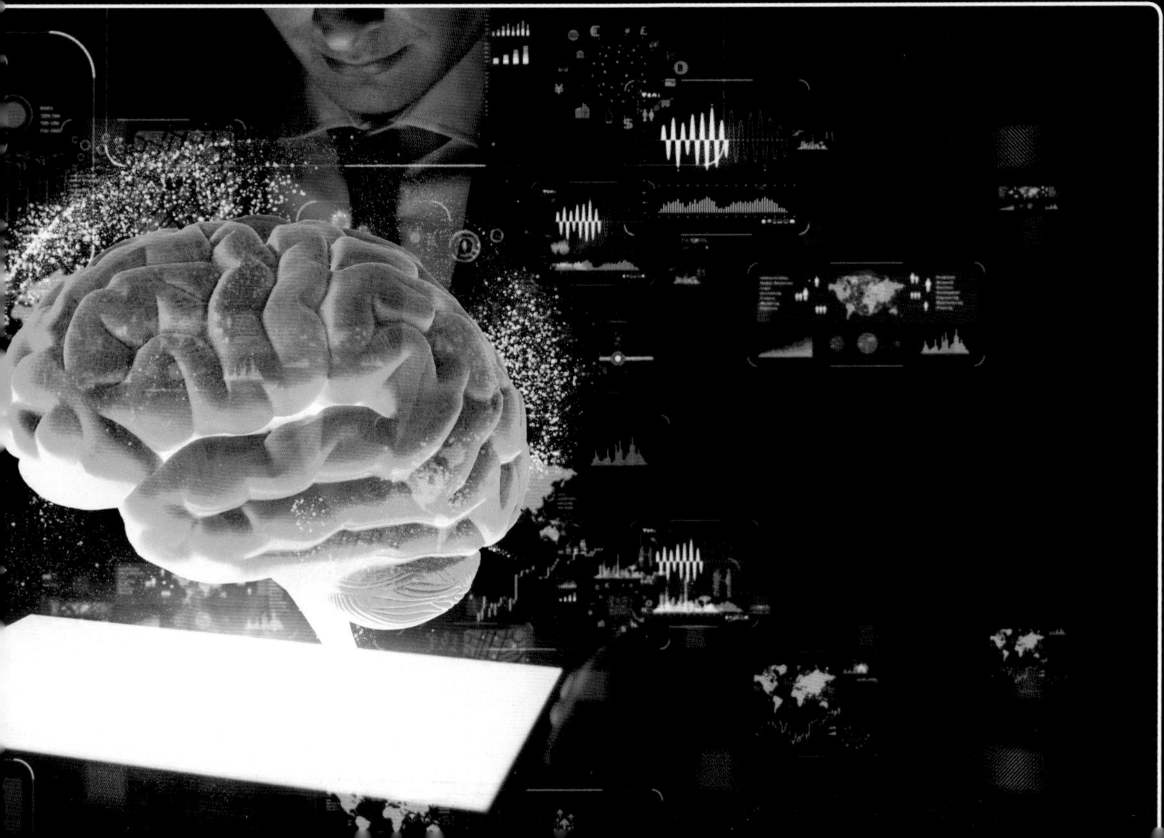

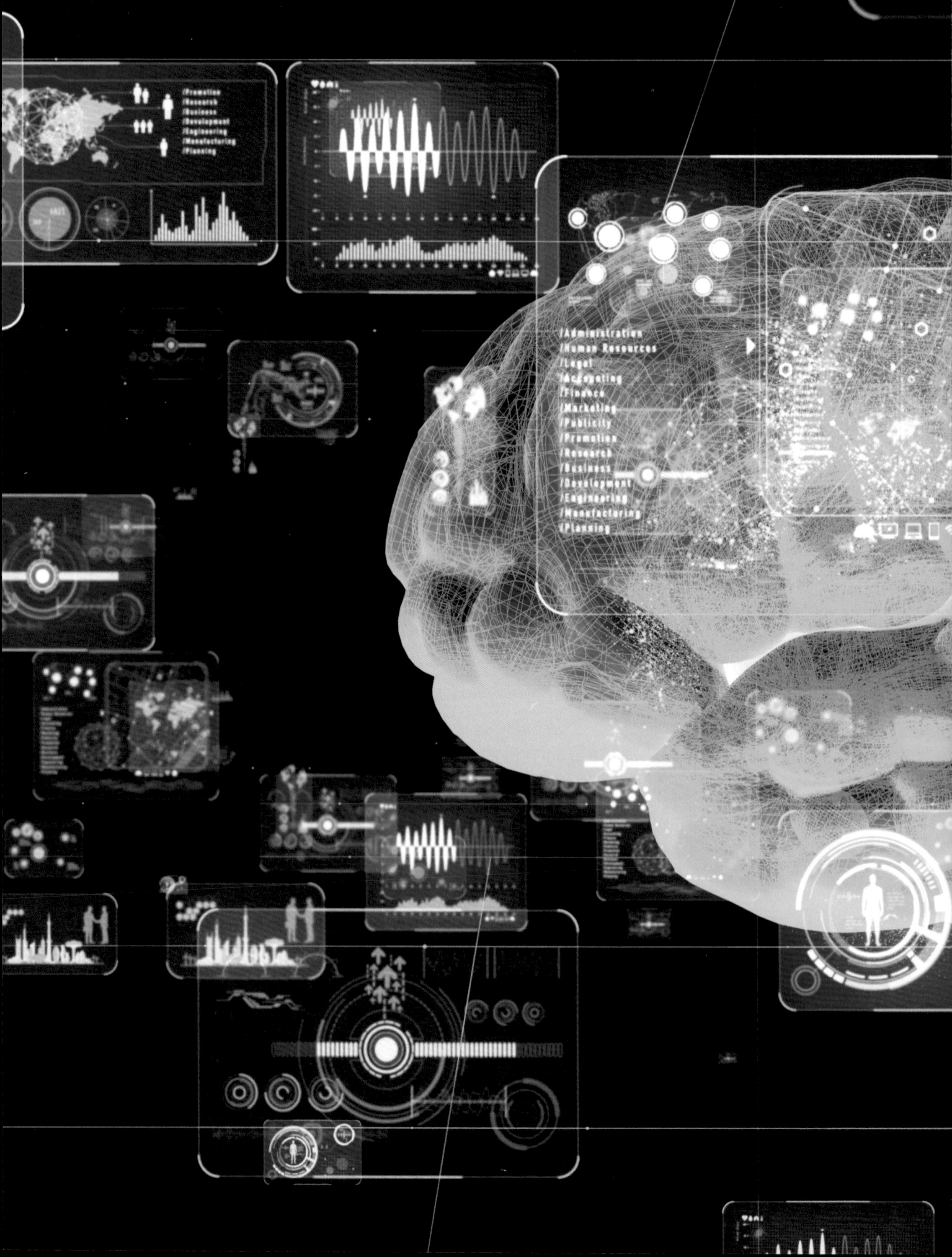
/Promotion
/Research
/Business
/Development
/Engineering
/Manufacturing
/Planning
/Administration
/Human Resources
/Legal
/Accounting
/Finance
/Marketing
/Publicity
/Promotion
/Research
/Business
/Development
/Engineering
/Manufacturing
/Planning

2
AI的機制

How AI works

計算速度遠比人類更快的「電腦」誕生了

若想了解AI是什麼，必須先了解「電腦是什麼」。

電腦是指代替人類進行計算等作業的機器，所以電腦也稱為計算機。

電腦裡面輸入了有各式各樣的「程式」，人類使用鍵盤或滑鼠操作電腦，電腦就會依照相應的程式進行計算，輸出解答。這些程式稱為「程式語言」（program language），但它不是使用人類的語言，而是使用電腦專用的語言編寫而成。因此，無法語言化（嚴格來說無法用算式表示）的作業，便無法命令電腦執行。不過，只要寫成程式，電腦都能

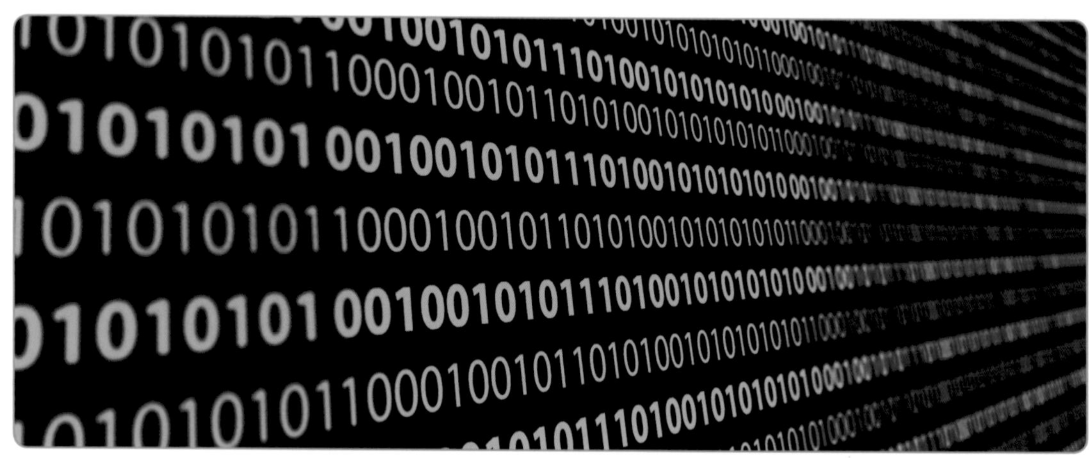

二進位法

人類採行十進位法，把0～9這10個數字（阿拉伯數字）做各種排列組合，用來計數。而電腦則是從第一代馮諾伊曼結構型電腦「EDVAC」就開始採行二進位法，只使用0和1這2個數字來進行計算。

馮諾伊曼
出生於匈牙利的美國數學家。擁有天才的計算能力，被稱為「魔鬼的頭腦」、「火星人」。

EDVAC

馮諾伊曼等人於1945年發明的第一代諾伊曼結構型電腦。

以非常快的速度進行處理。

電腦是何時發明出來，又是誰發明的呢？嚴格來說，很難確定它的「發明者」是哪一位。不過，我們現在使用的電腦架構，是從1945年誕生的「馮諾伊曼結構」（von Neumann architecture）衍伸出來的。馮諾伊曼結構是把程式和資料存放在記憶裝置（記憶體）中，再由執行計算的「中央處理裝置」（central processing unit，CPU）讀取這些內容以便進行計算的機制。此外，電腦並非採行我們日常使用的十進位法，而是只使用0和1的二進位法，這也是肇始於馮諾伊曼結構。這個結構的名稱得自其發明者之一，匈牙利裔的美國數學家馮諾伊曼（John von Neumann，1903～1957）。

馮諾伊曼結構型電腦後來逐漸小型化，計算速度及能夠處理的資料量也急速增加。如果有一天，電腦具備了遠遠超過人類頭腦的計算能力，那麼它是否也能夠重現人類這樣的「智慧」呢？人工智慧這個名詞便是基於這樣的發想而生。

進行簡單計算的程式範例

圖中所示的範例為編寫一個程式，要求電腦從「3、8、5」這三個不同數字之中選出一個數值最大的數字。如果是人類的話，輕輕鬆鬆就能達成這項要求。但若要求電腦提供答案，則必須花一番工夫寫一個程式給它才行。但是，一旦寫好程式，電腦便能以人類不可能達到的超快速度進行計算。

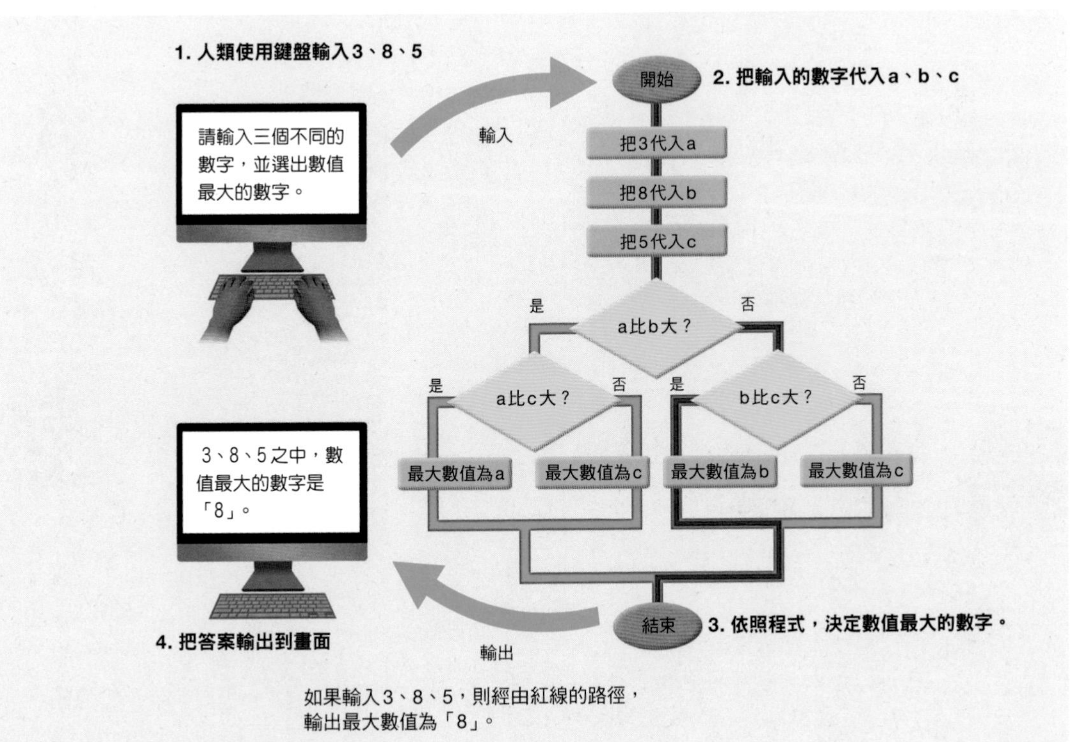
1. 人類使用鍵盤輸入3、8、5
請輸入三個不同的數字，並選出數值最大的數字。
輸入
開始
2. 把輸入的數字代入a、b、c
把3代入a
把8代入b
把5代入c
是
a比b大？
否
是
a比c大？
否
是
b比c大？
否
最大數值為a
最大數值為c
最大數值為b
最大數值為c
3、8、5之中，數值最大的數字是「8」。
結束
3. 依照程式，決定數值最大的數字。
4. 把答案輸出到畫面
輸出
如果輸入3、8、5，則經由紅線的路徑，輸出最大數值為「8」。

判定電腦「智慧層級」的方法

如果要嘗試「使電腦具有智慧」，那麼追本溯源，就必須先判定「電腦是否具有智慧」才行。

英國數學家兼電腦科學家杜林（Alan Turing，1912～1954）於1950年提出一項判定電腦「智慧層級」的著名試驗，稱為「杜林測試」(Turing test)。

這項試驗的方法，是讓人和機器（電腦）以文字進行對話，如果無法識破對話的對象是機器，就判定這部機器具有與人類相同的智慧。無法識破的人越多，則這部機器的智慧層級越高。

不過，這一項試驗雖然能夠判定某個程度的「AI度」，但是並非測量AI智慧層級的絕對基準。

2014年，全球第一部通過杜林測試的機器出現了，一時蔚為話題。有一個命名為古斯特曼（Eugene Goostman）的程式，假裝成一位住在烏克蘭的13歲男孩，竟然有30%以上的審查人員認為它是人類。

專欄 COLUMN 電腦其實不可能「了解」語意

若以電腦辨識「草莓」的情境來舉例，電腦是先學習了草莓的紅色外觀和表面凹凸等特徵，然後才能完成辨識的任務。但是，這樣就可以說電腦「理解」草莓是什麼東西嗎？人類不僅可以藉由目視，還能透過觸摸、品嚐來親身體會草莓這樣東西。但是，電腦根本沒有看過草莓，它也不知道「紅」是什麼意思，只是根據「紅」這個符號（程式）而表現出「草莓」這個符號而已。

因為杜林測試的合格標準之一，就是有30%以上的審查人員未能識破對話的對象是機器。

不過，也有人批判，並不能因為它通過杜林測試，就證明它具有與人類同等的智慧。因為只要能夠成功騙過審查人員，就能通過這項測試。事實上，由於將古斯特曼的年齡設定為13歲，而且英語是第二語言，對審查人員來說能夠進行的對話受到極大限制。此外，測試的時間只有 5 分鐘，可說是太短了。

話雖如此，這還是一項值得一提的測試。為什麼呢？因為，有「通過杜林測試」這樣的一個基準，使得原本眾說紛紜的人類智慧，能更深入探討。

杜林
英國數學家兼電腦科學家。因發明現在電腦軟體的基本模型「杜林機」（Turing machine）而聞名。也被稱為「電腦之父」。

杜林測試

有一名執行測試的審查人員坐在 2 架顯示器螢幕的前方，他可以提出任何問題。其中 1 架顯示器顯示的回答來自真正的人類，另一架顯示器顯示的回答來自模仿人類的電腦。在經過一連串的問答之後，如果審查人員無法識破哪一邊是人類，哪一邊是電腦，就判定那部電腦具有與人類同等的智慧。這項試驗稱為杜林測試。

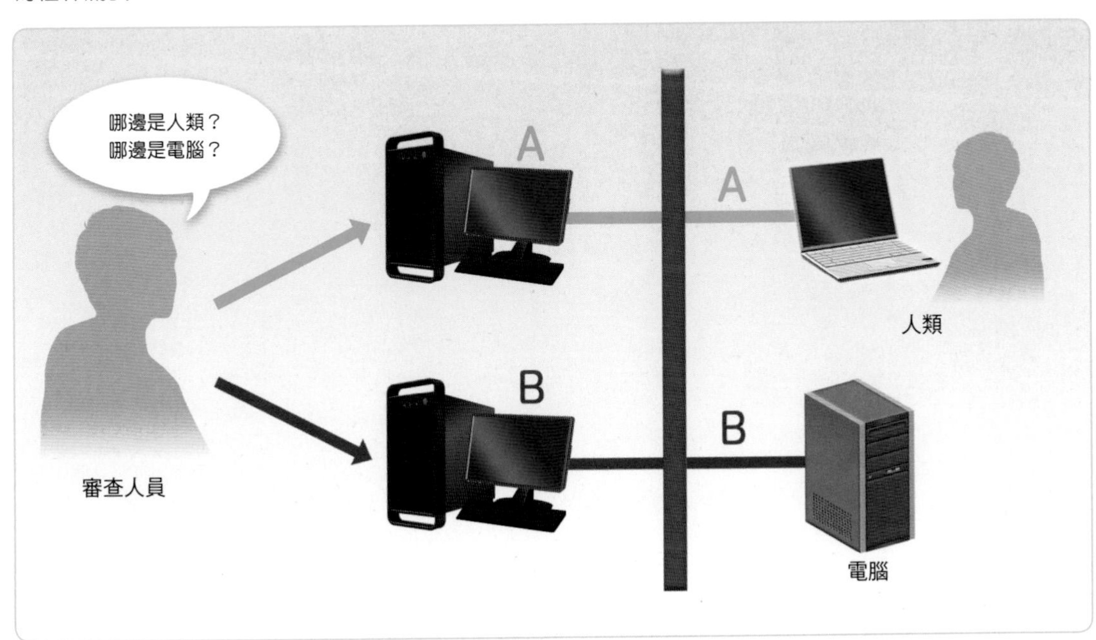

利用「機器學習」使電腦「變聰明」

「完全的AI」還沒有實現。但是，目前具有聰明功能的機器和系統已經不在少數，而且也被稱為AI。例如，能夠依照房間的狀態而自動調節風量及溫度的冷氣機、掃地機器人等家電製品、擊敗職業棋士的將棋軟體、接待顧客的問答系統、用於自

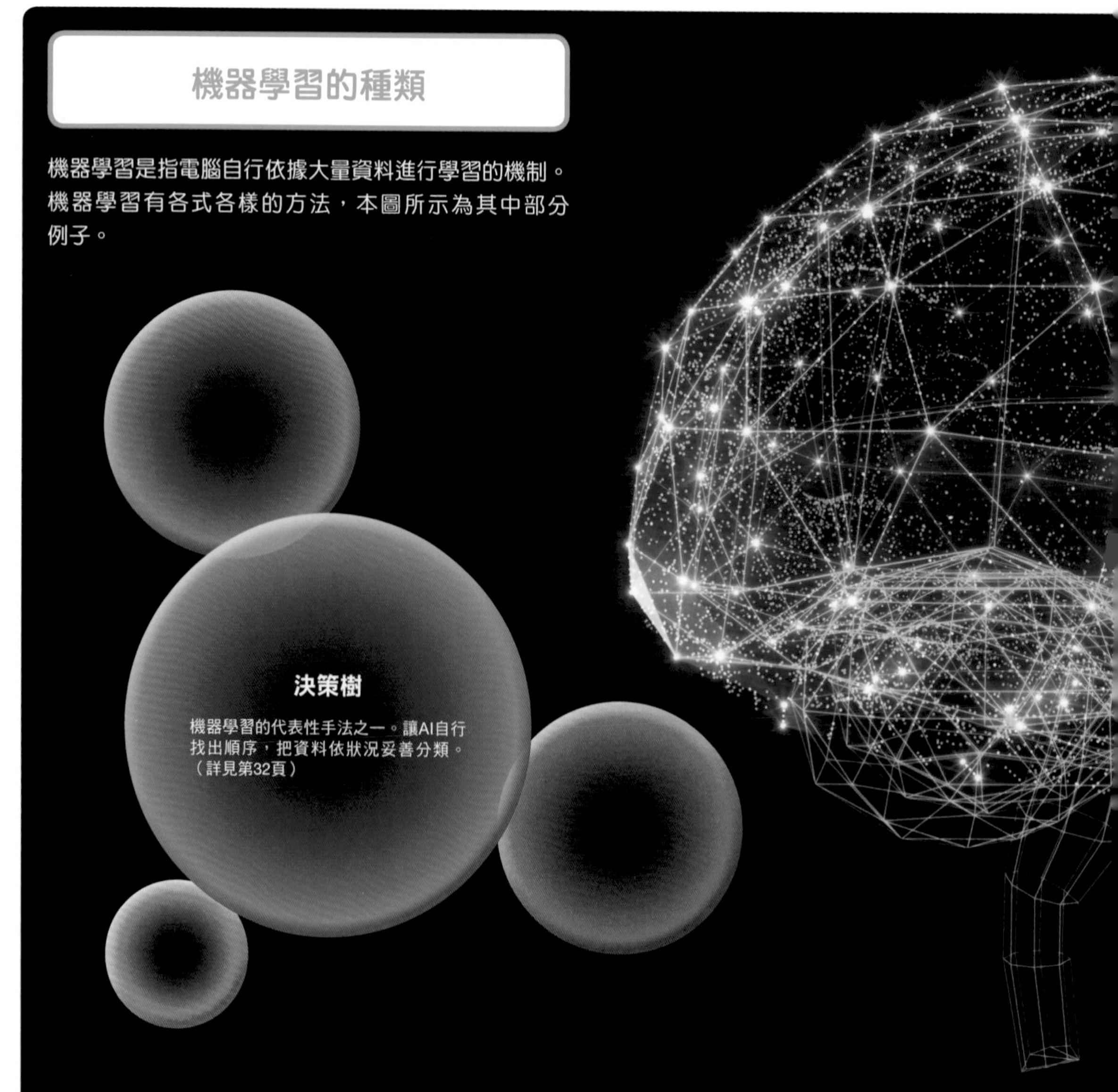

機器學習的種類

機器學習是指電腦自行依據大量資料進行學習的機制。機器學習有各式各樣的方法，本圖所示為其中部分例子。

決策樹

機器學習的代表性手法之一。讓AI自行找出順序，把資料依狀況妥善分類。（詳見第32頁）

動駕駛的影像辨識系統等等，各式各樣的種類比比皆是。

在第二次AI繁榮期之前的AI，主要是由人類教導電腦解決問題的規則，或輸入知識給電腦，企圖藉此重現智慧。但是，現在的AI研究主流則是「機器學習」。

顧名思義，機器學習就是使機器（電腦）自行「學習」的機制，希望藉此能實現更「聰明」的AI。

機器學習是一個統稱，其中有許多不同的方法。誠如下圖所示，掀起第三次AI繁榮期的「深度學習」，就是利用「類神經網路」這種機器學習的方法所發展出來的技術。

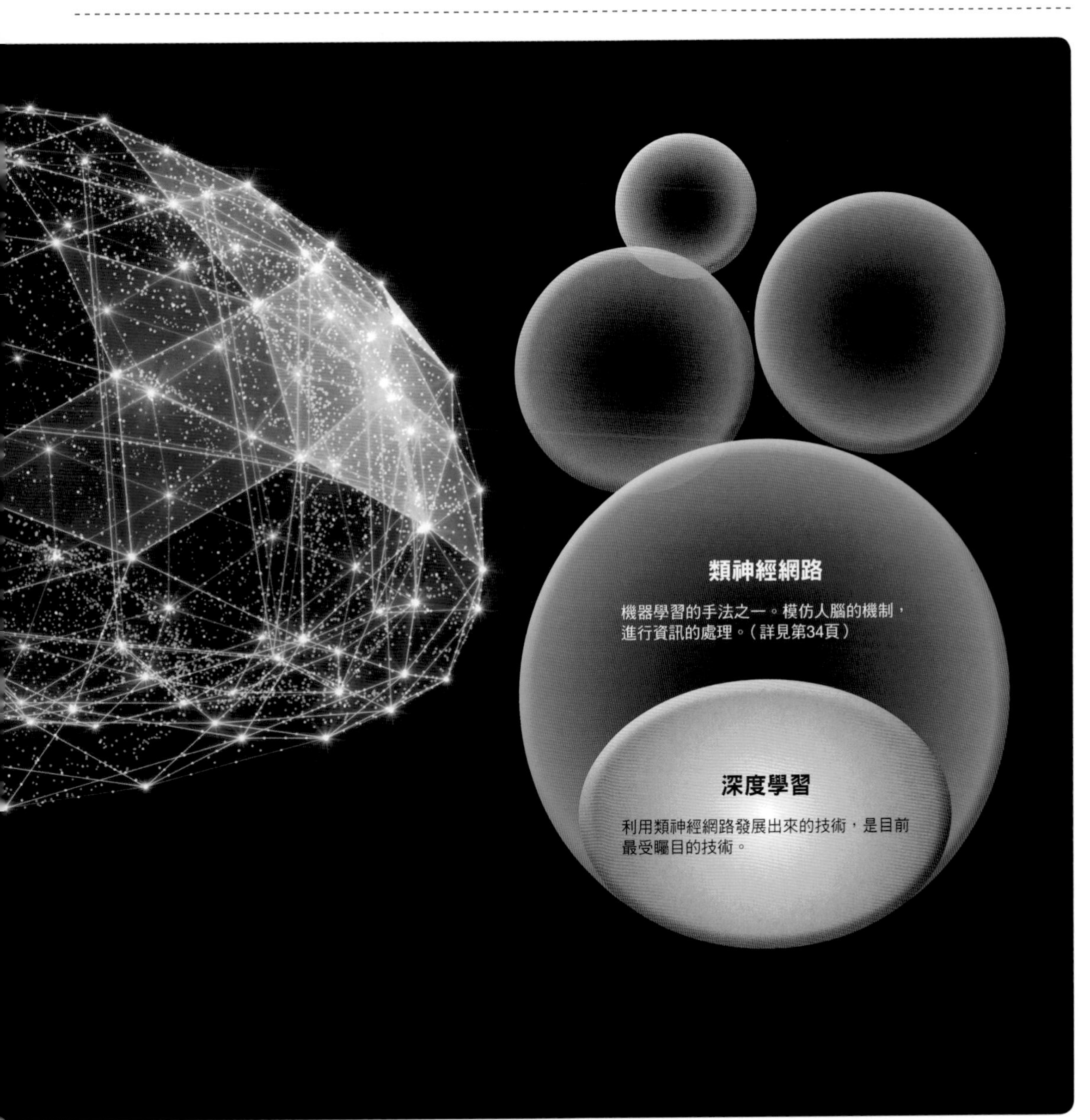

類神經網路
機器學習的手法之一。模仿人腦的機制，進行資訊的處理。（詳見第34頁）
深度學習
利用類神經網路發展出來的技術，是目前最受矚目的技術。

AI藉由機器學習逐步學會「分類」

雖然AI能夠執行各種「聰明」的作業，但若深入探究，則可以說，AI的主要工作就是在做「分類」(classification) 這一件事※。

例如，讓辨識影像的AI觀看許多影像時，可以說它就是在做「這些影像是大象」和

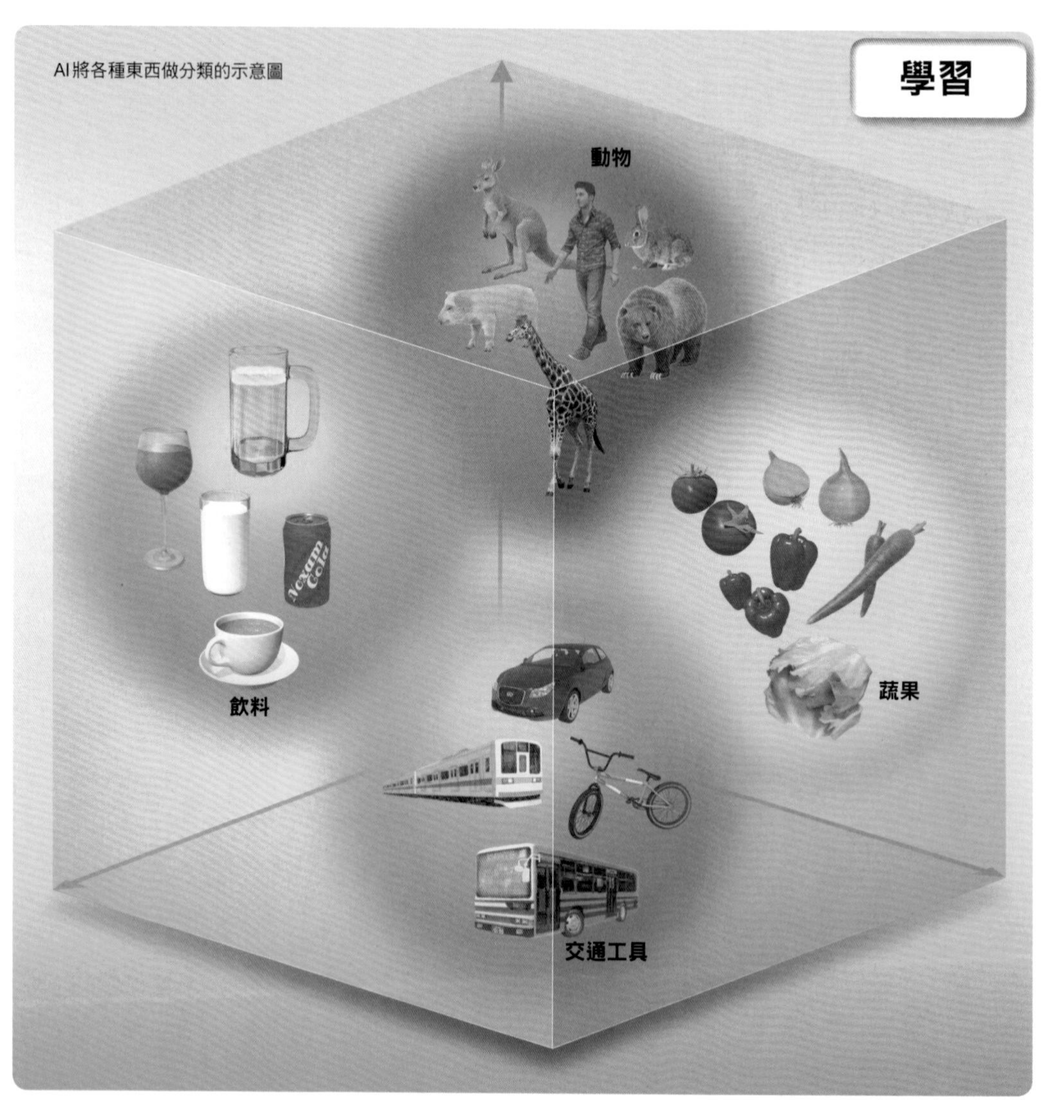

AI把「牛乳」、「長頸鹿」、「電車」、「番茄」等物品當作「各種數值的組合」來進行辨識。本圖為AI把各個要素當作空間中的點（實際上，是更高維度空間中的點）來進行辨識的示意圖。「動物」等屬於相同類別的東西，會放在此空間比較鄰近的位置。

「這些影像不是大象」這樣的分類（實際上，是依照更細緻複雜的要素在分類）。

讓電腦自動學習分類，學會該怎麼完成適當的分類，這樣的手法就是機器學習。為了達到這個目的，必須先讓電腦讀取大量的影像等資料才行。

當AI藉由機器學習學會如何做適當的分類之後，再把新的未知資料輸入AI，它便能判別（推測）那是什麼東西。例如，讓它觀看新的大象影像，它便能判別「這是大象」。

※：除了分類之外，還有許多作業類型，例如根據氣溫和冰淇淋銷售數量的資料，儘可能正確推測氣溫和銷售數量之間的關係，這稱為「迴歸」（regression）。

變聰明

新的影像

由AI判別

推測機率

象：93%

河馬：7%

雖說是分類，但在實際的問題中，也有很難明確區分的時候。AI是以「象的機率是93%」、「河馬的機率是7%」……這樣的方式，「推測」那是什麼東西，並顯示它的機率。

如果能夠適當的分類，則AI會變更「聰明」

左為AI把各種東西做分類的示意圖。機器學習的機制，就是使用大量資料，讓AI自行找出這些資料所含的共同點及規則。如果AI學會把事物做適當的分類，那麼當輸入新資料時，它就能判別（推測）那是什麼東西。

機器學習分為「監督式學習」和「非監督式學習」兩大類

機器學習的方法有非常多種，但大致上可以分為「監督式學習」(supervised learning) 以及「非監督式學習」(un-supervised learning) 這兩大類。

監督式學習也稱為「有監督學習」，這種學習方法是提供正確答案（教師資料）給AI，讓它能夠核對答案。

假設想讓AI學習得以分辨「可以出貨的蘋果」和「不可以出貨的蘋果」，則必須事先準備各式各樣的蘋果影像作為學習資料，給AI讀取，教導AI依據「形狀」、「斑點」等等，判定該影像是「可以出貨的蘋果」或「不可以出貨的蘋果」。

這個時候，每一張蘋果影像都必須預先標

兩種AI學習方法

使用教師資料核對答案的「監督式學習」，和自行發現學習資料所含樣式及共通點的「非監督式學習」範例。

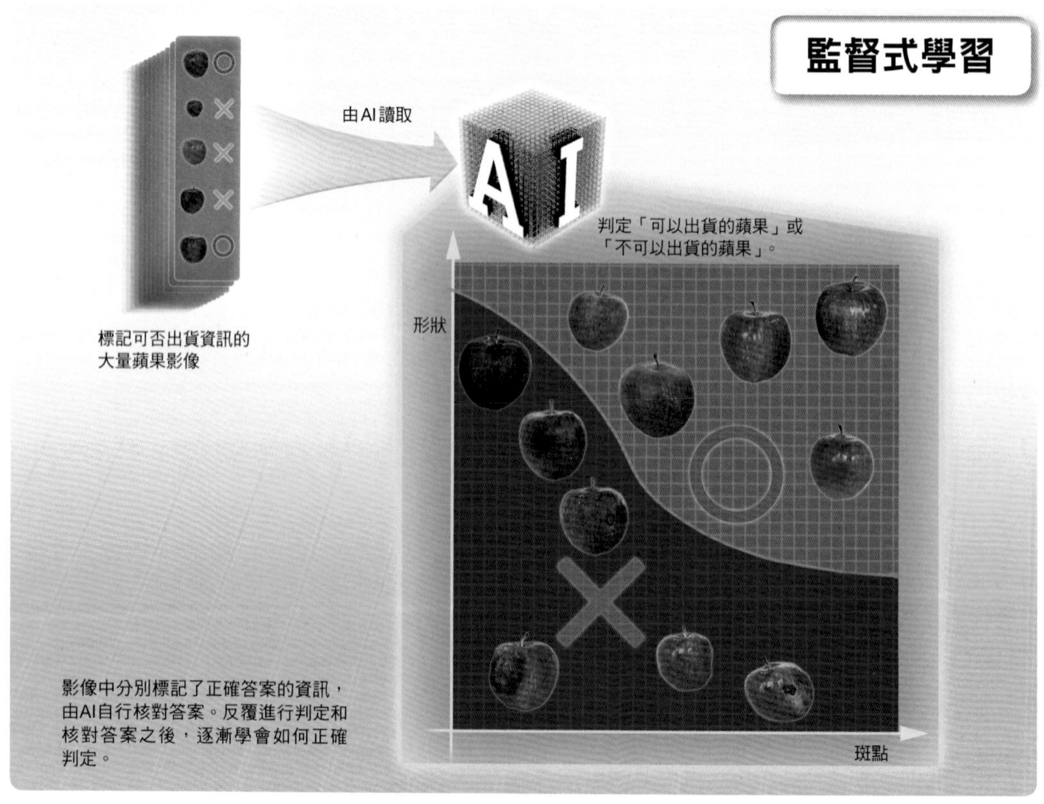
監督式學習
由AI讀取
AI
判定「可以出貨的蘋果」或「不可以出貨的蘋果」。
標記可否出貨資訊的大量蘋果影像
形狀
斑點
影像中分別標記了正確答案的資訊，由AI自行核對答案。反覆進行判定和核對答案之後，逐漸學會如何正確判定。

記由人類所判別「這個蘋果可以出貨」和「這個蘋果不可以出貨」的資訊。藉此，使AI能夠自行核對答案，確認判定的結果是正確或錯誤。利用這樣的方法，讓AI對大量影像反覆進行判定和核對答案之後，AI便逐漸能夠適當地區分「可以出貨的蘋果」和「不可以出貨的蘋果」了。

另一方面，非監督式學習也稱為「無監督學習」，則是不提供正確答案（教師資料），讓AI自己從輸入的資料中抽取出特定的樣式，或發現共通的規則等等。

假設把大量的蘋果影像作為學習資料，給AI讀取，令它依據「大小」、「鮮紅度」等外觀上的差異做分類，但這些資料上並沒有特地標記正確答案之類的資訊。

這麼一來，AI就自然而然能判斷外觀上是否相似，進而區分「又大又紅的蘋果」、「不大而且不紅的蘋果」等等。依據這樣所做的分類，AI學會辨識同一個品種的共通性（不過，這是什麼品種，則必須由人類教導才會知道）。

採取這種學習方法的AI，之後再給它新的蘋果影像，它就能判定那是哪一個品種。

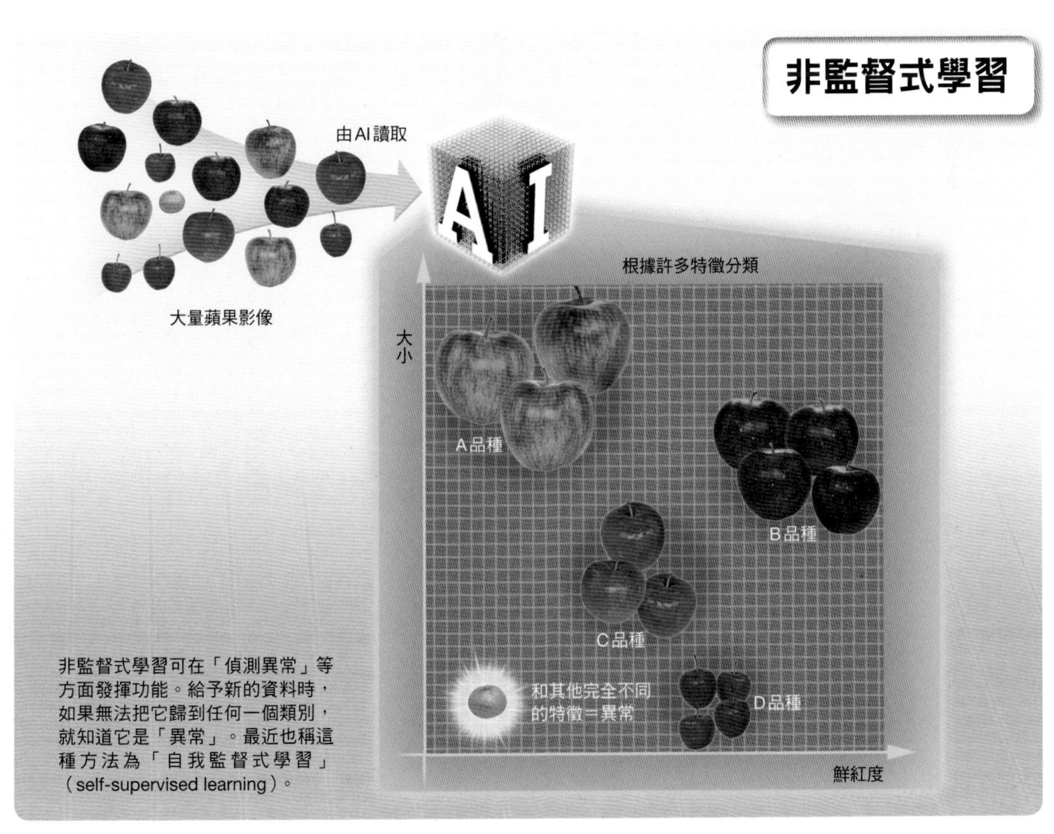

非監督式學習可在「偵測異常」等方面發揮功能。給予新的資料時，如果無法把它歸到任何一個類別，就知道它是「異常」。最近也稱這種方法為「自我監督式學習」（self-supervised learning）。

「決策樹」是製作「樹狀圖」以便進行推測的學習方法

若要使AI學習如何把資料做適當的分類，還有許多不同手法。

「決策樹」（decision tree）就是眾多學習手法之中，極具代表性的一種。

假設想命令AI預測「今天的海水浴場會不會很擁擠？」首先要把過去天氣、氣溫、風速和海水浴場的擁擠程度等成組的歷史資料提供給AI，讓它依據這些資料學習天候和擁擠程度的關係。

若要判定會不會擁擠，必須把天氣、氣溫、風速等因素在什麼樣的狀況時曾經發生擁擠（或者，沒有發生擁擠）做分類。接著，命令AI建構一個將各項資料依照「天氣是否晴天」、「氣溫是否28℃以上」等狀況分類而成的樹狀圖，觀察在各個狀況下是否曾經發生擁擠。

無法輕易得知該依照什麼樣的條件分類才最為適當。依據設問條件及順序的不同，會影響到能否把資料適當地分類，以及能否有效率地進行分類。

因此，利用「決策樹」所進行的機器學習，就是命令AI反覆地分析資料，自動地探索（學習）適當的設問條件及順序。

學習成功之後，只要輸入今天的天氣、氣溫、風速等資料，就能預測今天的海水浴場會不會擁擠。

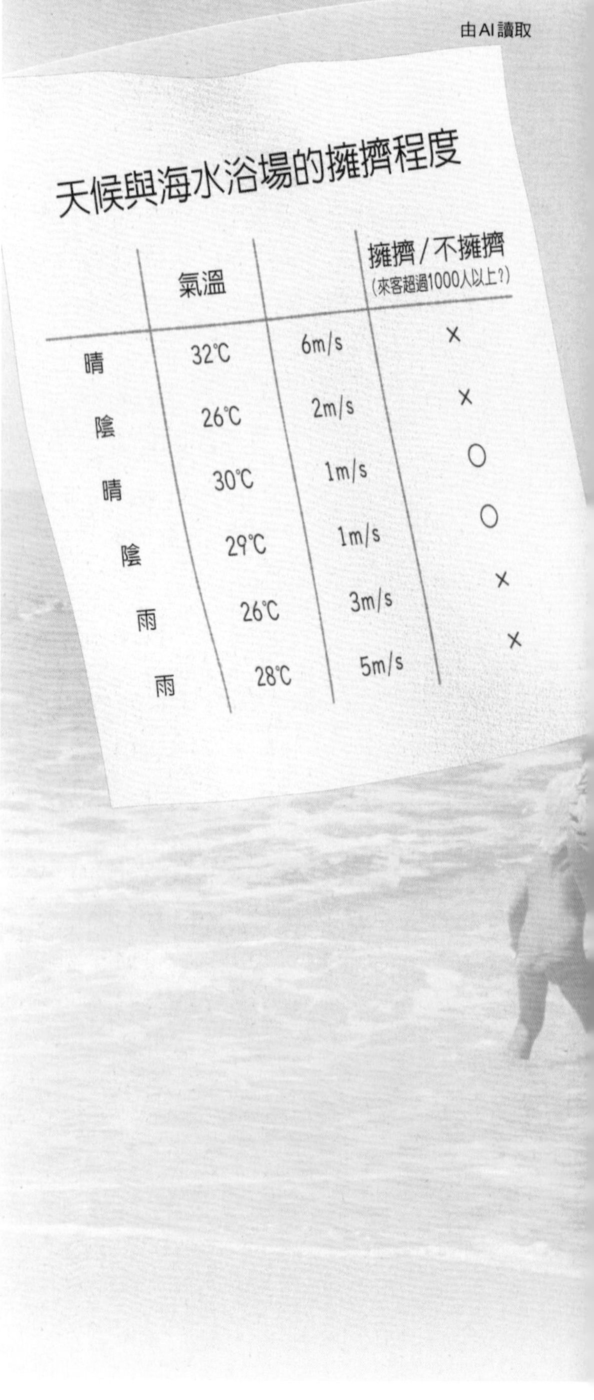

由AI讀取

天候與海水浴場的擁擠程度

	氣溫		擁擠／不擁擠（來客超過1000人以上？）
晴	32℃	6m/s	×
陰	26℃	2m/s	×
晴	30℃	1m/s	○
陰	29℃	1m/s	○
雨	26℃	3m/s	×
雨	28℃	5m/s	×

把天候資料依狀況做分類，以便預測海水浴場的擁擠程度

命令AI建構一個把過去「天氣」、「氣溫」、「風速」、「擁擠程度」等各項資料依照狀況做分類的樹狀圖。藉著讓AI找到能把資料依照狀況做適當分類的樹狀圖，使AI學會依據天候來預測海水浴場的擁擠程度。

AI
第一步，把資料依「天氣」做分類
天氣
「天氣為雨」則不擁擠」
天氣為「晴」的資料，接著依「風速」是否為5m／s以上或以下，再做分類
風速
天氣為「陰」的資料，接著依「氣溫」是否為28℃以上或以下，再做分類
氣溫
擁擠：0件
不擁擠：2件
依狀況分類的資料數量
※原本應是更大的值
5m/s 以上
5m/s 以下
28℃以上
28℃以下
擁擠：0件
不擁擠：1件
擁擠：1件
不擁擠：1件
擁擠：1件
不擁擠：1件
擁擠：0件
不擁擠：1件
「天氣為晴」且「風速為5m／s以下」則擁擠
「天氣為陰」且「氣溫為28℃以上」則擁擠

實際上，風速要以幾公尺作為分界點，氣溫要以幾℃作為分界點，這些詳細的條件也交由AI逐漸去發現。藉此，讓AI自行找到能夠正確預測擁擠程度的樹狀圖。

「類神經網路」是模仿腦神經細胞運作的學習方法

「類神經網路」(neural network) 是模仿腦神經細胞運作的學習方法。本單元首先介紹腦的機制。

腦由無數個「神經細胞」(nerve cell) 構成，神經細胞也稱為「神經元」(neuron)，彼此連結在一起而形成網路。一個神經細胞經由「突觸」(synapse) 的連結部位 (接頭) 接收多個其他神經細胞傳來的訊號。當接收到的訊號總量超過一定程度時，這個神經細胞就會把訊號傳送到另一個神經細胞。腦便是藉由眾多神經細胞逐一傳送訊號來處理資訊。

在類神經網路中，是把腦神經細胞的運作，利用電腦上的程式，轉化成人工神經元的形式加以重現。人工神經元有如「函數」一般，接收多個數值 (輸入值)，再送出與這些輸入值對應的其他數值 (輸出值)。因此，一個人工神經元會接收多個輸入值，對這些輸入值進行若干計算，然後再輸出計算所得的數值。

在類神經網路中，是把許多人工神經元分成好幾層再連結起來，藉著把最初的輸入值 (資料) 逐次轉換，來處理資訊。

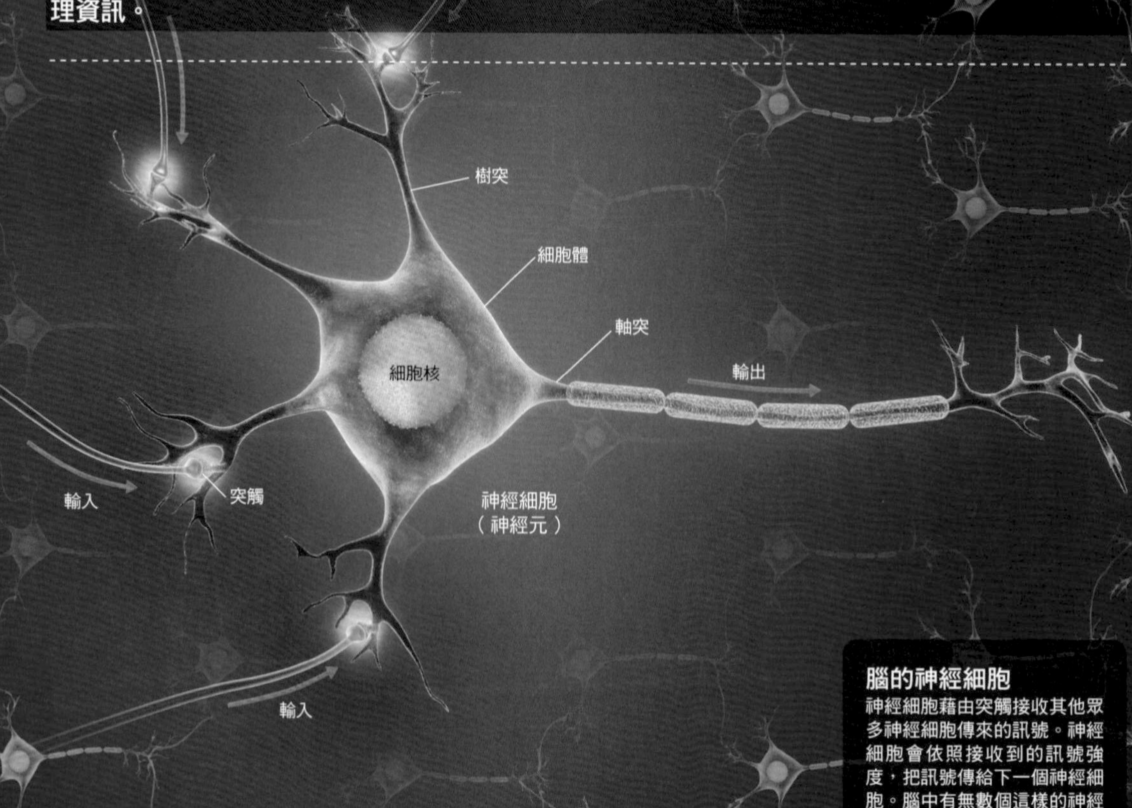

腦的神經細胞

神經細胞藉由突觸接收其他眾多神經細胞傳來的訊號。神經細胞會依照接收到的訊號強度，把訊號傳給下一個神經細胞。腦中有無數個這樣的神經細胞連結成為網路，用於處理各種資訊。

專欄 COLUMN 如果反覆地學習相同事物，突觸的形狀會改變

腦中的神經細胞並非直接連接在一起，而是利用稱為「突觸」的構造收發化學物質，藉此傳送訊息。

突觸並不單單只是把訊息從一個神經細胞傳送到另一個神經細胞而已，它也具有對訊息做「加權」的重要功能。藉著改變突觸的大小（結合強度），決定要把傳來的訊息以何等程度傳送給下一個神經細胞。

例如，兒童看到類似草莓形狀的東西時，一再向大人詢問：「這是草莓嗎？」大人對此問題回答：「是的。」或「不是。」經由這樣的「學習」，小孩腦中突觸的大小會發生變化。其結果會建立只有在看到草莓時才會起反應的神經迴路。

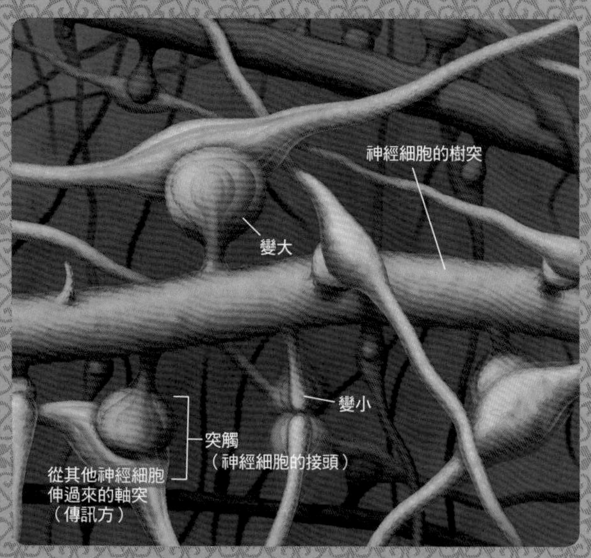

腦的神經細胞和人工神經元

左頁圖所示為腦的神經細胞模樣，本頁所示則為人工神經元示意圖。

輸入
輸入
輸入
輸入
輸出
人工神經元

人工神經元

人工神經元接收多個輸入值，把這些輸入值進行若干計算，再把計算所得的數值輸出。將許多人工神經元分成許多層再連結起來，用於處理資訊，即為類神經網路。

「人工神經元」藉由反覆調整連結的強度而變聰明

讓我們再詳細一點探討類神經網路的學習方法。

人工神經元接收到輸入值之後，會進行「加權」，把它加上稱為「權值」的數值（係數）。以腦的神經細胞來說，權值就相當於突觸的連結強度。

權值越大，則從前一個人工神經元接收到的輸入值就會增加得越大。代表這兩個人工神經元之間的資訊比較容易傳送。在類神經網路中，就是藉由改變這個權值，去改變人工神經元彼此之間的連結強度以進行學習。

在學習之前，權值（人工神經元的連結強度）是隨意的。

核對答案之後，如果錯誤，則AI會自行改變類神經網路中人工神經元之間的權值（連結強度）。

使用大量影像，反覆進行如上所述的判定影像、核對答案，並調整權值，藉此使較大的訊號傳送到答對的人工神經元，亦即提高做出「正確答案」的精度。

其結果，終於能夠正確地判別影像（能夠學習）。

學習前

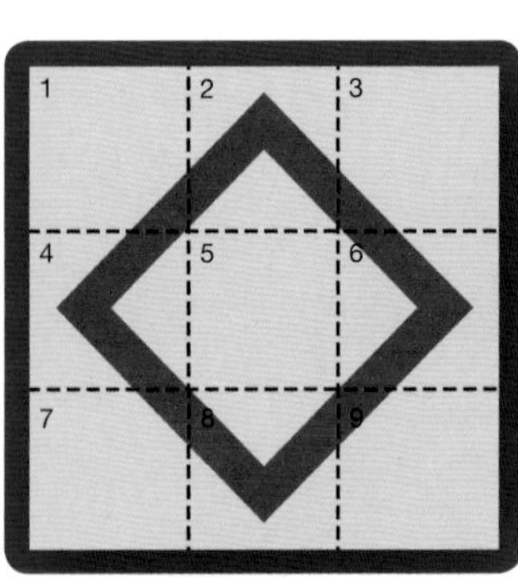

輸入

1. 把影像分割成9格，再把各個區域紅色分量的資料送往輸入層。

學習後

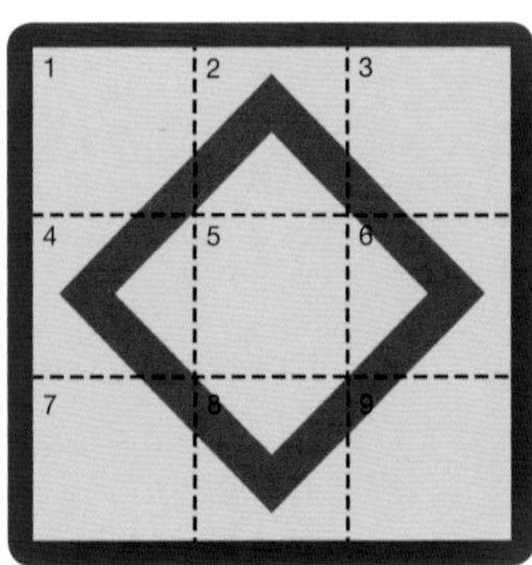

輸入

類神經網路的學習法

右頁圖是一個學習的範例。輸入◇的圖形，在輸出層如果能判別為「◇」則是答對，如果判定為「＋」則是答錯。

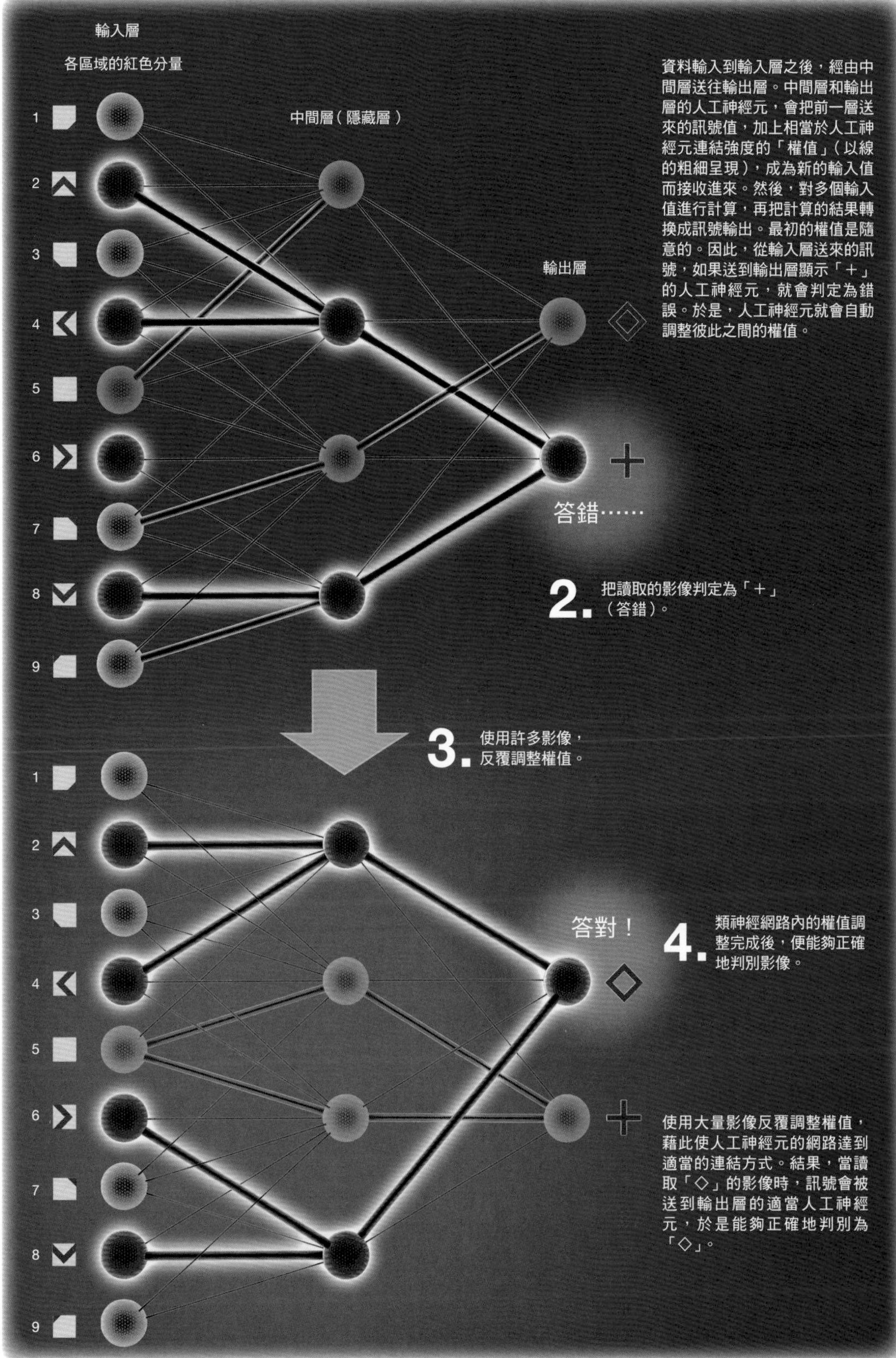
輸入層
各區域的紅色分量
中間層（隱藏層）
輸出層
1
2
3
4
5
6
7
8
9
答錯……
答對！
資料輸入到輸入層之後，經由中間層送往輸出層。中間層和輸出層的人工神經元，會把前一層送來的訊號值，加上相當於人工神經元連結強度的「權值」（以線的粗細呈現），成為新的輸入值而接收進來。然後，對多個輸入值進行計算，再把計算的結果轉換成訊號輸出。最初的權值是隨意的。因此，從輸入層送來的訊號，如果送到輸出層顯示「＋」的人工神經元，就會判定為錯誤。於是，人工神經元就會自動調整彼此之間的權值。
2. 把讀取的影像判定為「＋」（答錯）。
3. 使用許多影像，反覆調整權值。
4. 類神經網路內的權值調整完成後，便能夠正確地判別影像。
使用大量影像反覆調整權值，藉此使人工神經元的網路達到適當的連結方式。結果，當讀取「◇」的影像時，訊號會被送到輸出層的適當人工神經元，於是能夠正確地判別為「◇」。

「深度學習」是把許多層疊合在一起而探索出特徵

在模仿腦部機制的類神經網路之中，把人工神經元的層做成「多層化」（深入化）的模式，就是深度學習。前一單元所介紹的是 3 層類神經網路的例子，但深度學習是有10層、20層等非常多層疊合在一起。

為什麼深度學習能發揮高度的性能，促使AI突飛猛進呢？這是因為藉由深度學習，能使AI自行探索出物體所具有的各種「特徵」。

在深度學習尚未問世之前的機器學習，必須由人類教導AI應該著眼於物體的哪些特

AI變得比人類更擅於發掘特徵

傳統的機器學習

傳統的機器學習是由人類教導AI應該著眼的特徵。

著眼於「顏色」和「花瓣形狀」，依此辨別影像。

人

徵，例如，為了分辨鬱金香和向日葵，必須教導AI「要著眼於『顏色』和『花瓣形狀』」。AI則依據人類所教導的特徵進行學習，例如「如果鮮紅色是這個程度、花瓣是這種形狀，就是鬱金香」等等。

但是，教導AI應著眼的特徵若有不同，則AI的性能（推測答案的精度）會隨之產生很大的差異。因此，應該著眼於什麼樣的特徵，才能做出精度更高的推測呢？這個問題是AI研究的一大難題。

不過，如果採用深度學習，則只會讓AI讀取大量影像，使AI學會自行抽取出影像中應該著眼的特徵。而且，AI所抽取出的特徵中，也包含了一些人類無法用明確語言表達或無法完全掌握的東西，例如畫素（pixel）和畫素之間的複雜關係之類的。由於這些原因，採行深度學習遠比透過人類教導特徵的方式，更能使AI做到高精度的推測。

深度學習

讓AI學會自行抽取出影像中應該著眼的特徵。

著眼的特徵：
顏色、花瓣形狀、莖的粗細、萼片的排列、A區域和B區域間形狀的關係、A區域和D區域的亮度差異……。

「深度學習」是找出影像特徵的機制

深度學習是以什麼方式抽取出特徵呢？我們以「鬱金香和向日葵的分辨」為例，來探討檢視！

第一步，把影像的資訊輸入至輸入層。

深度學習由許多層組成。輸入層的後面有許多個「隱藏層」，人工神經元依照輸入值和加權值，把輸出值傳送到下一層的人工神經元。

每個層都是一個稱為「節點」(node）的虛擬區域。在這個「節點」中計算如何調整權值，控制送往下一層的資訊量（參照右下方圖）。這些作業相當於人類神經元的作用。

在比較接近輸入層的部分，只能夠判別單純的形狀。在這個地方，排列著會對構成影像輪廓的縱、橫、斜等「線段」發生反應的節點。但是，每經過一個隱藏層，都會把在前一層所獲得的資訊再加以組合，所以到了輸出層就能夠判斷複雜的影像了。

如果讓AI讀取大量的影像資料，即可以促使各個人工神經元的加權調整得更加完全，藉此而完成學習。

學習完成後，在比較接近輸入層的隱藏層，當有與單純樣式（例如由傾斜的線、複雜的線構成的圖形等等）對應的訊號傳來時，便會發生反應，將較大的訊號傳送給下一個人工神經元。

另一方面，在比較接近輸出層的隱藏層，則形成當有與更複雜形狀對應的訊號傳來時會發生反應的人工神經元。也就是說，這代表AI已經學會抽取出辨識影像時應該著眼的特徵了。

影像的資訊

在電腦中，影像首先分解到畫素的層次。然後，藉由顯示線段的過濾器，抽取出輪廓的樣式。

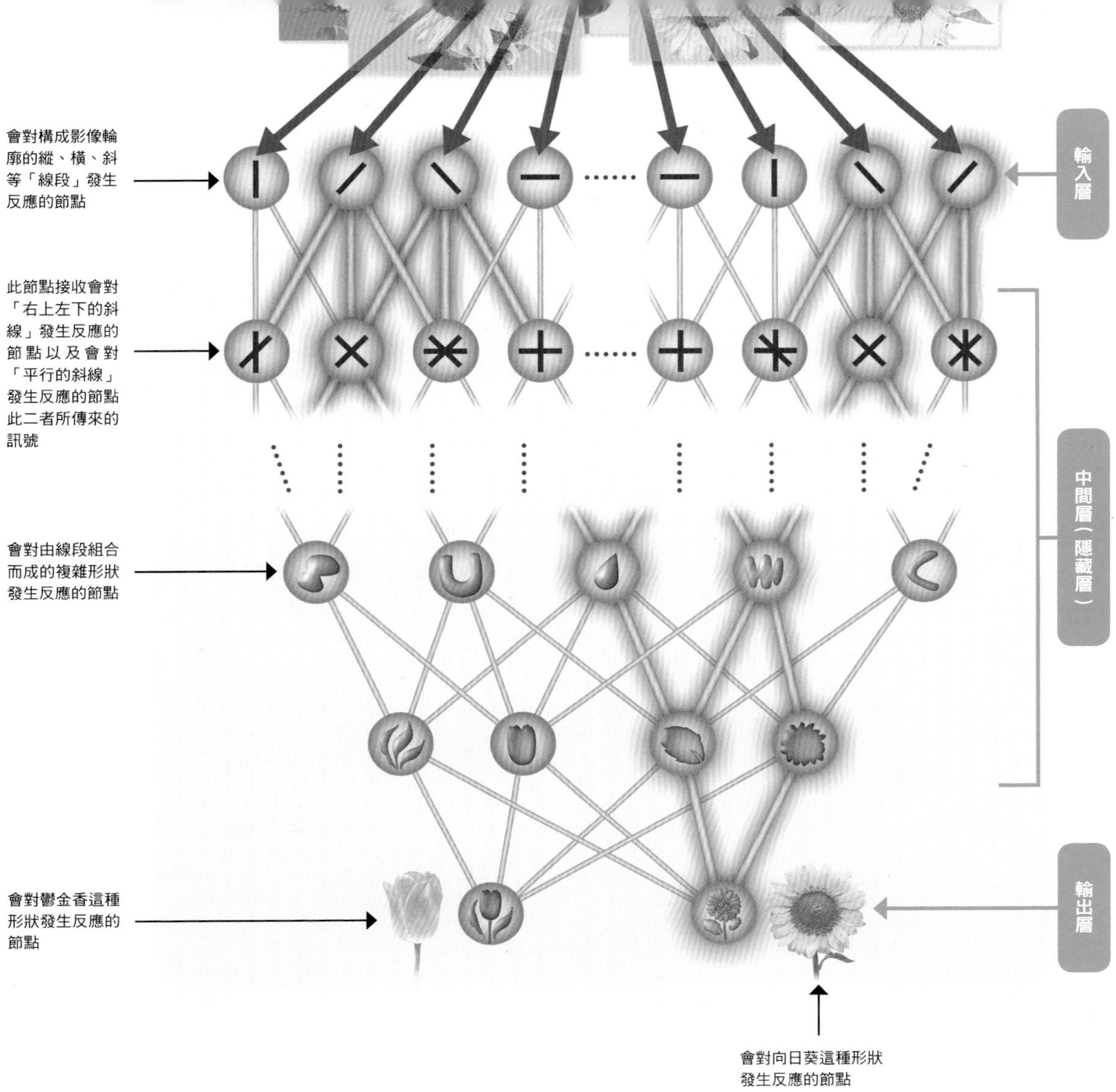

輸入層
中間層（隱藏層）
輸出層
會對構成影像輪廓的縱、橫、斜等「線段」發生反應的節點
此節點接收會對「右上左下的斜線」發生反應的節點以及會對「平行的斜線」發生反應的節點此二者所傳來的訊號
會對由線段組合而成的複雜形狀發生反應的節點
會對鬱金香這種形狀發生反應的節點
會對向日葵這種形狀發生反應的節點

節點的計算

本圖所示為類神經網路各個節點所進行的計算。中央層的節點把從左層節點接收到的值進行加權，計算它們的總和，然後，把這個值「整理」後再輸出，使它在下一層容易計算。在這個例子中，利用把負值全部轉換成 0 的「斜坡函數」（ramp function），把計算結果的−0.7轉換成 0。結果，正中央的節點成為「關閉狀態」。也就是說，不會把資訊傳送給下一個節點。

輸入值
0.5
0.2
0.3
×(−4)
×2
×3
加權
0.5×(−4)
+0.2×2
+0.3×3
=−2+0.4+0.9
=−0.7
斜坡函數
y
x
−0.7
−1
0
1
輸出值
0
×4
加權

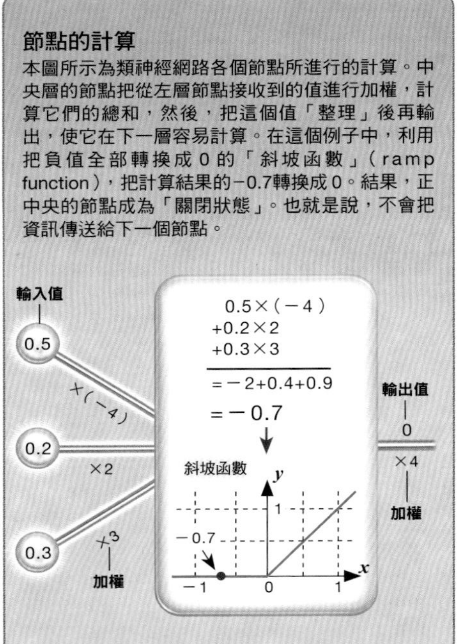

不斷地改變「加權」，逐漸調整而導出正確的答案

所謂的「機器學習」，是指讓人工智慧反覆地嘗試錯誤，藉此慢慢改變節點與節點的連結（加權），以求最終能得出正確的結果。

在此以草莓和蘋果做分類的學習法為例，來進一步說明。在尚未學習之前的人工智慧，所有的加值都是隨機的，在STEP 1 和STEP 2 的階段，因為不知道草莓具有的特徵是什麼，所以不知道應該注意影像的什麼地方。

假設在STEP 3 的時候，原本應該判斷為草莓，卻誤判成蘋果。

這代表加權值（權值）和特徵的抽取方法並不正確。因此，人工智慧會像STEP 4 這樣，自行從輸出層往輸入層改變隱藏層的加權，藉此進行調整，以求能夠導出正確的答案（草莓）。

但是，到了STEP 4，答對率仍然只有50%。為了提高答對率，必須進行STEP 5、STEP 6 等等，詳細請參閱下一單元。

STEP1. 輸入影像
輸入草莓的影像。在這幅草莓的影像中，附加上由人類提供「草莓」這個正確答案的標籤。

由類神經網路抽取出來的特徵

STEP2. 分類
在初期階段，無法抽取出得以分類是蘋果或草莓的憑據，也不知道如何做適當的加權。第一步先把全部的值都加在一起，然後取其平均值。

縮小輸出結果與正確答案之間的誤差

本圖所示為人工智慧第一次進行「學習」的機制。最初，因為無法從影像正確抽取出草莓的特徵，也無法做正確的加權，所以人工智慧無法判別草莓和蘋果。接下來，核對分類的結果與正確答案，然後不斷地改變加權，以求縮小輸出結果與正確答案之間的誤差

STEP3. 輸出結果
比較影像為蘋果的機率和草莓的機率，然後輸出結果。這一次，無法判別是蘋果或草莓。

題目
把蘋果和草莓予以分類！

第一次做機器學習

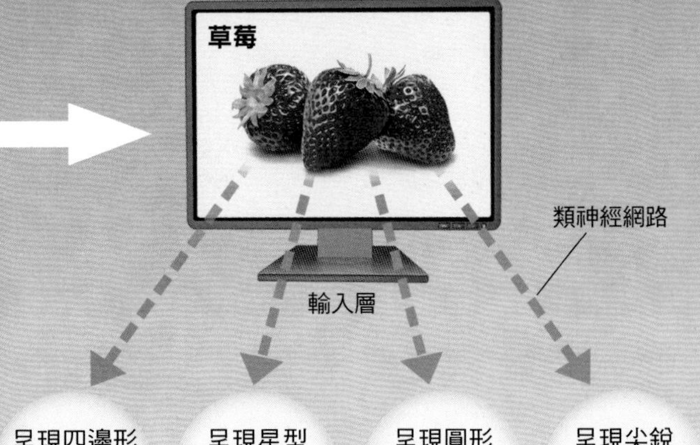

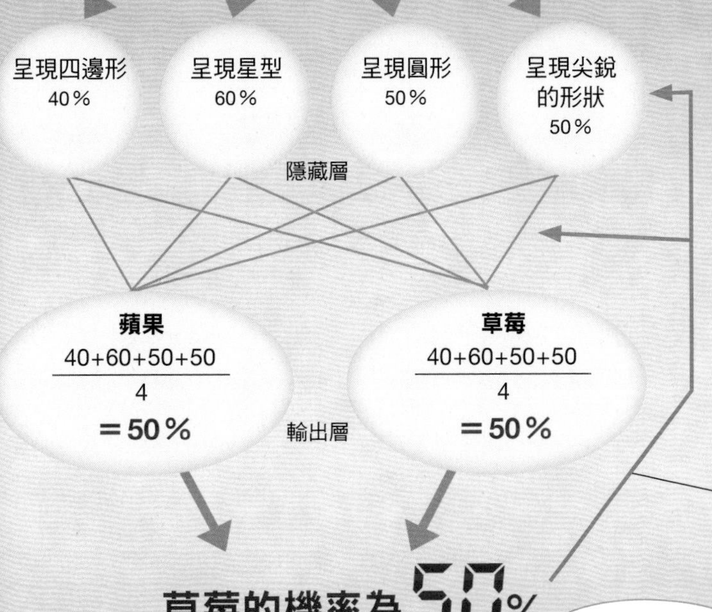

草莓的機率為50％

STEP4. 核對答案

核對輸出結果和影像附加的標籤（正確答案）。人工智慧自行改變連線的方式（加權），以求縮小核對答案的誤差。結果，抽取出來的特徵也逐漸改變，這就是「機器學習」。

深度學習是從輸出層往輸入層回溯許多個隱藏層，而能逐漸改變所有的加權。

	蘋果	草莓
導出的答案	50％	50％
實際的答案	0％	100％
誤差	50	50

誤差合計：100

SECTION 18

網際網路的發展使AI更聰明

如STEP 5所示，AI使用幾百張、幾千張的影像，反覆地進行前面單元所介紹的學習方式，藉此漸漸導出正確答案。

事實上，在開發出深度學習之後，有很長一段時間，一直有人懷疑它的精度無法達到實用的水準。因為隨著層的加深，核對答案的影響將無法妥善地傳到隱藏層，從而無法做到最適化（optimization）的加權。

但是近年來，靠著改良核對答案的方法，以及在進行正式的機器學習之前先讓AI「預先學習」等等，已經能夠非常有效率地進行學習。

此外，隨著網際網路的發展，可使用的影像資料爆炸性增加，使得機器學習更容易進行，還有專門用AI進行計算的中央處理裝置的開發獲致大幅進展等等，都是促成現今AI性能突飛猛進的重要因素。

STEP5. 輸入大量影像

為了讓人工智慧進行機器學習，輸入大量蘋果和草莓的影像。這個時候，由人類在蘋果的影像加上「蘋果」的標籤，在草莓的影像加上「草莓」的標籤。

對於「呈現尖銳的形狀」、「表面為顆粒狀」等特徵，把通往草莓的路徑權值設為1，通往蘋果的路徑權值設為0。

相反地，對於「呈現圓形」、「表面為平滑狀」等特徵，把通往蘋果的路徑權值設為1，通往草莓的路徑權值設為0。

反覆「學習」的結果，AI逐漸能正確地辨別影像

圖示為AI進行「學習」機制最後所呈現的樣貌。AI讀取大量的影像，自行核對答案，一再反覆之後，逐漸能以較高的精度辨識影像。

機器學習最後所呈現的樣貌

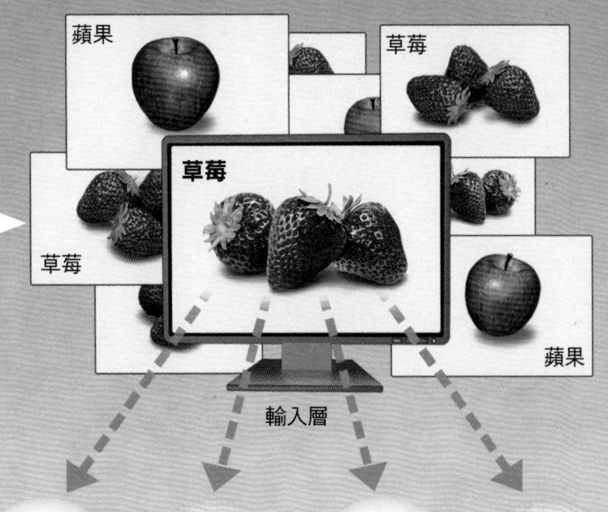

輸入層

呈現圓形 20%

呈現尖銳的形狀 80%

表面為平滑狀 10%

表面為顆粒狀 90%

隱藏層

蘋果

$\frac{20+10}{2}$

=15%

輸出層

草莓

$\frac{80+90}{2}$

=85%

草莓的機率為85%

STEP6. 藉由學習獲得適當的特徵與加權

對大量的影像逐一進行分類並核對答案，藉此縮小誤差。最初的誤差合計為100，在反覆進行機器學習之後，這次已經將誤差值縮小到30。利用這樣的計算，使人工智慧逐漸能夠適當地把蘋果和草莓做分類。

	蘋果	草莓
導出的答案	15%	85%
實際的答案	0%	100%
誤差	**15**	**15**

誤差合計：30

因為「學太多」導致無法辨識貓的「過度學習」

有很多用於提升深度學習精度的技術，以下來介紹其中一個例子。

目前已知深度學習有一個因為學習資料過於專精，導致無法對應未知資料的問題，稱為「過度學習」(overlearning)。

假設為了辨識貓的影像，讓AI學習一個與

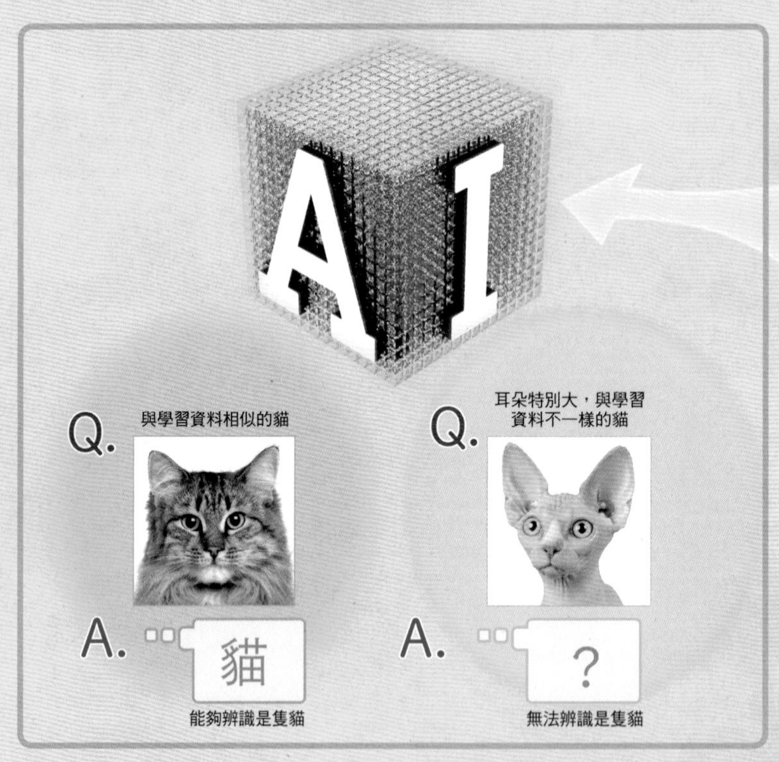

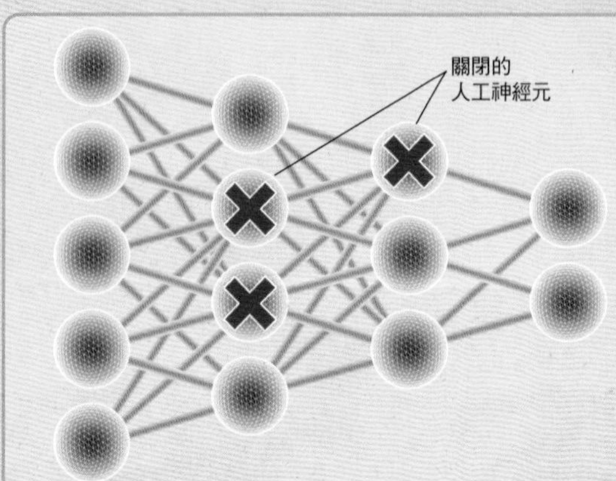

利用「中輟」避免過度學習

在深度學習中，為了避免過度學習，經常採行「中輟」這個方法。採行中輟時，先以隨機的方式選擇一定數量隱藏層的人工神經元，設定不使用這些人工神經元（關閉傳送路徑），然後進行學習。在反覆關閉與開啟人工神經元的狀態下進行學習，能夠防止過度依賴特定的特徵，而抽取出通用性比較高的特徵。

貓有關的影像資料庫。然後，把一個像左下方影像這樣「耳朵特別大，稍微不一樣的貓」輸入AI，有時候AI會無法辨識那是貓。

這個AI太過於侷限學習資料中所函括的貓耳特徵（大小等等），以致於看到貓的耳朵不符合那些特徵時，便無法正確辨識那是一隻貓。像這樣，因為太過擬合而導致泛化能力（generalization ability）變差的狀態，也稱為「過適」或「過度擬合」（overfitting）。

避免這種過度學習的方法很多，其中一個是「中輟」（dropout）。例如在學習之前，先從人工神經元之中隨機選擇50%不予使用，然後進行學習。反覆多次之後，AI便不會過度依賴學習資料所含括的某些特定特徵，而能抽取出更具通用性的本質特徵。

利用學習資料學會分辨貓的方法

藉未提供正確答案而得強化的人工智慧

深度學習的應用例子並不是只有影像辨識而已。

例如，圍棋軟體「AlphaGo」也運用了深度學習，讓AI讀取大量職業棋士過去對奕中出現的棋盤樣式，然後由AI判斷自己在那個場面中，是處於有利還是不利的情形。

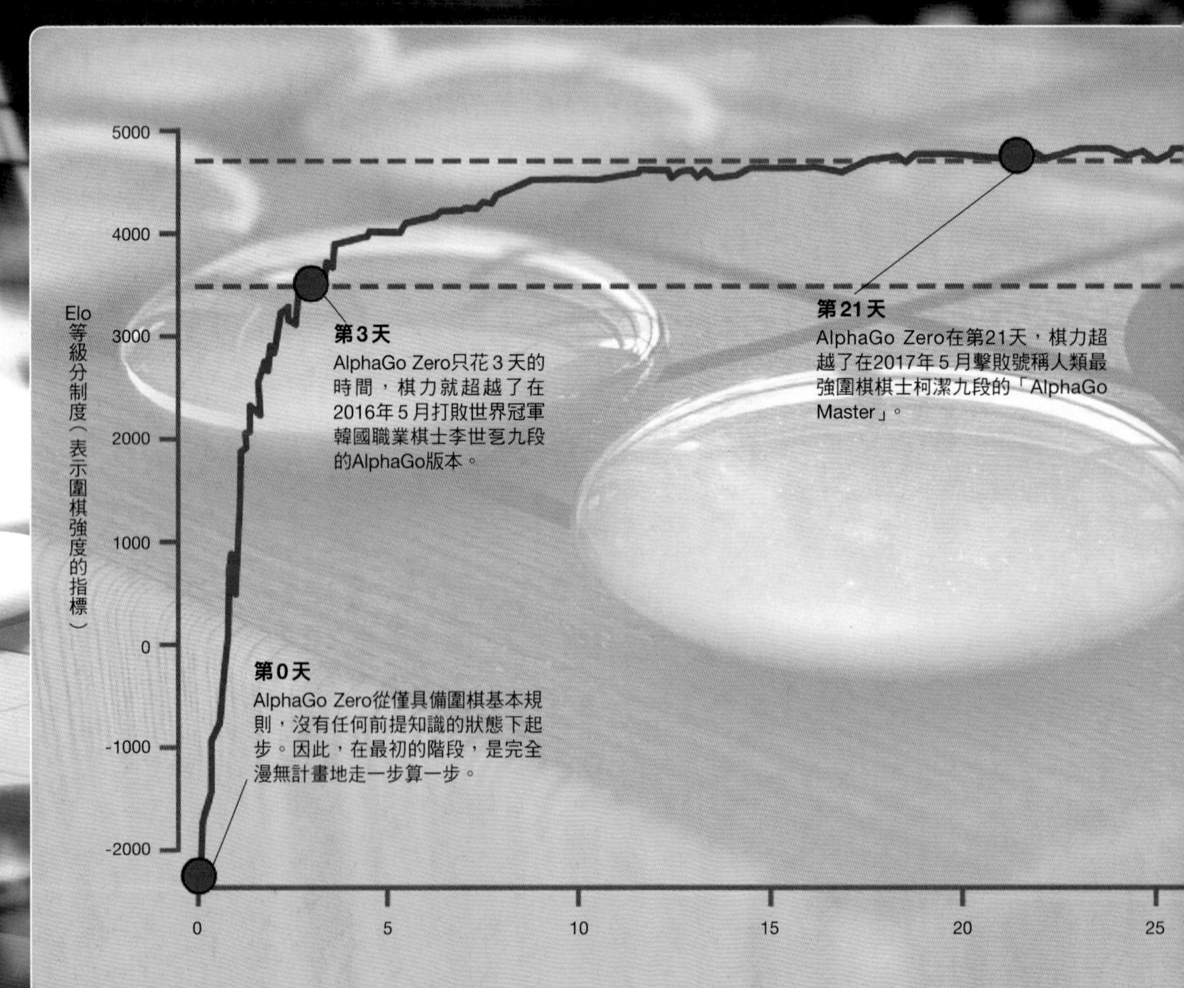
5000
4000
3000
2000
1000
0
-1000
-2000
Elo等級分制度（表示圍棋強度的指標）
0
5
10
15
20
25
第0天
AlphaGo Zero從僅具備圍棋基本規則，沒有任何前提知識的狀態下起步。因此，在最初的階段，是完全漫無計畫地走一步算一步。
第3天
AlphaGo Zero只花3天的時間，棋力就超越了在2016年5月打敗世界冠軍韓國職業棋士李世乭九段的AlphaGo版本。
第21天
AlphaGo Zero在第21天，棋力超越了在2017年5月擊敗號稱人類最強圍棋棋士柯潔九段的「AlphaGo Master」。

開發AlphaGo的英國Google DeepMind公司在2017年10月宣布，只提供圍棋規則作為學習資料的「AlphaGo Zero」，僅花了短短40天的時間，就變得比以往AlphaGo的任何版本都更強（下圖）。

AlphaGo Zero採行的手法稱為「強化學習」（reinforcement learning）。進行強化學習時，研究者不提供過去的對奕紀錄及正確的妙招給AI，而是讓AI互相對奕，再針對能取得更大贏面的落子下法給予「報酬」。AI透過嘗試錯誤，自行學習能獲得較多報酬（亦即能取得更大贏面）的最佳下法。這個結果顯示出與使用歷史資料不一樣的增強效果，或許可以說，這代表AI已經能夠不假他人之手，就能夠持續進化了。

料出處：https://deepmind.com/blog/alphago-zero-learning-scratch/

第40天
AlphaGo Zero完全不使用人類的對奕紀錄，只憑自己和自己對奕，就變得比AlphaGo的所有版本都更強。

（天）
30 35 40

「AlphaGo Zero」只花40天就變成最強

本圖所示為AlphaGo Zero的強度變化歷程。AlphaGo Zero只有輸入圍棋的基本規則，憑藉自己和自己對奕，自行發現更好的下法，僅僅花費40天，就變成比以往開發的AlphaGo任何版本都還要強。

譯註：Google後來又開發AlphaZero，擊敗AlphaGo Zero以及西洋棋和象棋的所有AI。

COLUMN

人類辨識物品的機制暨電腦辨識物品的機制

根據前面單元介紹，深度學習的機制是模仿人腦的機制而生。然則實際上它是如何模仿的呢？我們且來比較看看。

右邊兩圖之中，上圖所示為人腦進行辨識的流程，下圖則為電腦進行辨識的流程。

以人類的視覺來說，進入眼睛的景色（光資訊）會投射在眼睛深處的「視網膜」（retina）上。圖中為了簡化起見，只以黑白格子來表現。

這則資訊被傳送到位於腦部後方的「初級視覺皮質」（primary visual cortex）之神經元（神經細胞）。但是，初級視覺皮質的各個神經元只接收從非常狹窄範圍內的視神經傳來的資訊，所以只能「判斷」是縱線或橫線之類的單純形狀。

初級視覺皮質的單純資訊，隨著被送往次級視覺皮質、三級視覺皮質而逐漸整合起來，於是漸漸地能夠判斷複雜的形狀。最後，會對形似草莓的形狀發生反應的細胞開始活化，於是就能夠辨識我們眼前的東西是草莓了。

深度學習也是經由相同的流程辨識物品。

首先，在輸入影像的時候，來自外界的光資訊全部被數位化。影像由非常微小的畫素構成，在這個畫素中，含有紅色（Red）、綠色（Green）、藍色（Blue）亮度的數位化資料。例如，「R255、G255、B255」表示白色，「R0、G0、B0」表示黑色。以人類來說，視網膜上擁有3種（會對特定波長發生反應的）視錐細胞，所以能看到3種顏色。而AI則藉由具有和人類「初級視覺皮質」、「次級視覺皮質」相同功能的「類神經網路」，抽取出影像的特徵，辨識出那個東西是「草莓」。

電腦辨識「草莓」的機制

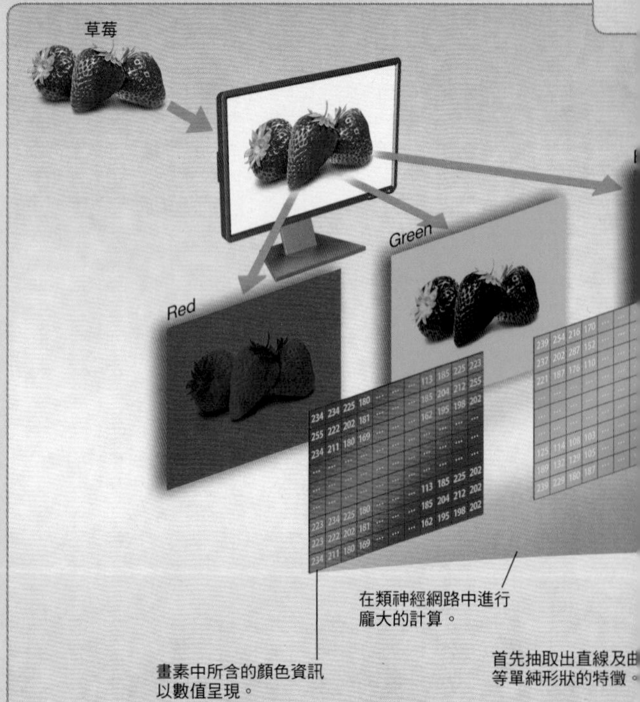
草莓
Green
Red
在類神經網路中進行
龐大的計算。
畫素中所含的顏色資訊
以數值呈現。
等單純形狀的特徵。

人類辨識「草莓」的機制

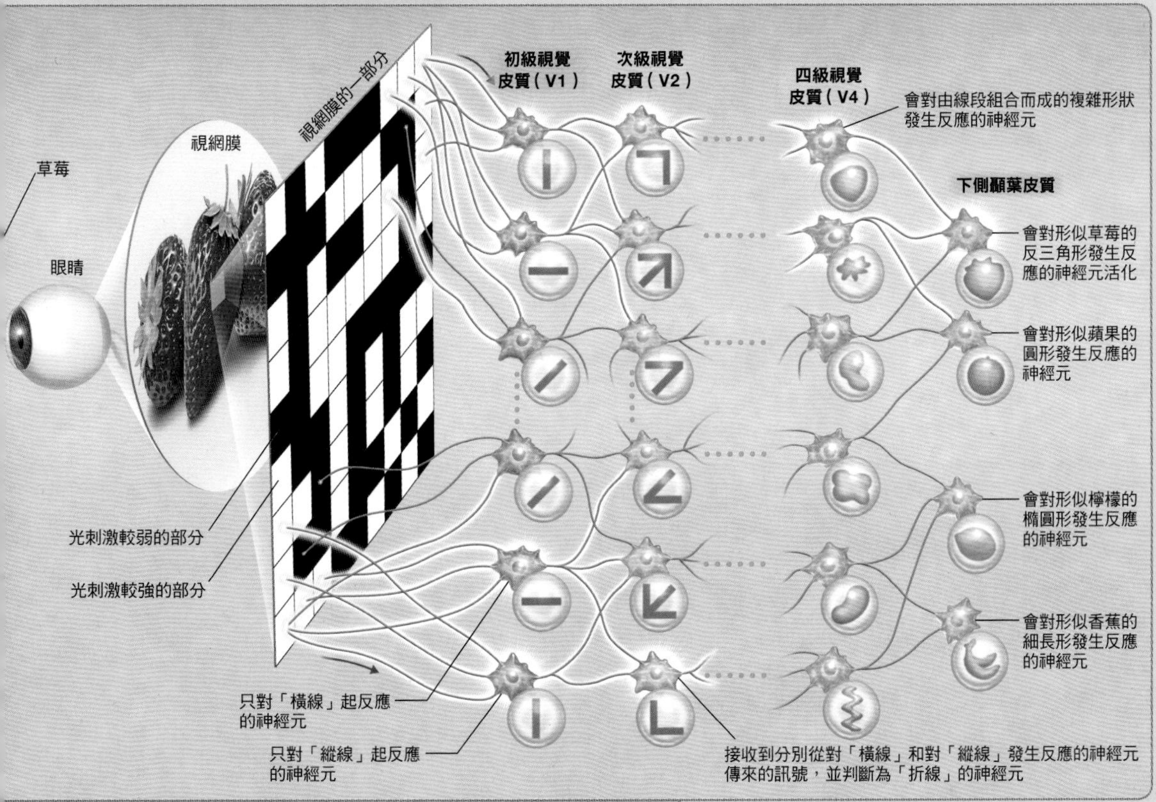

草莓
眼睛
視網膜
視網膜的一部分
光刺激較弱的部分
光刺激較強的部分
只對「橫線」起反應的神經元
只對「縱線」起反應的神經元
初級視覺皮質（V1）
次級視覺皮質（V2）
四級視覺皮質（V4）
會對由線段組合而成的複雜形狀發生反應的神經元
下側顳葉皮質
會對形似草莓的反三角形發生反應的神經元活化
會對形似蘋果的圓形發生反應的神經元
會對形似檸檬的橢圓形發生反應的神經元
會對形似香蕉的細長形發生反應的神經元
接收到分別從對「橫線」和對「縱線」發生反應的神經元傳來的訊號，並判斷為「折線」的神經元

抽取出由單純形狀組合而成的複雜形狀特徵。
從影像抽取出草莓的「概念」。
影像中顯現
草莓
Strawberry
Strawberry
Strawberry

註：進入某個神經元的訊號，會先由突觸進行資訊的加權處理後再傳送。因此，這個神經元所判斷的形狀，並非只是把前一層神經元所判斷的形狀原封不動地合併起來而已。

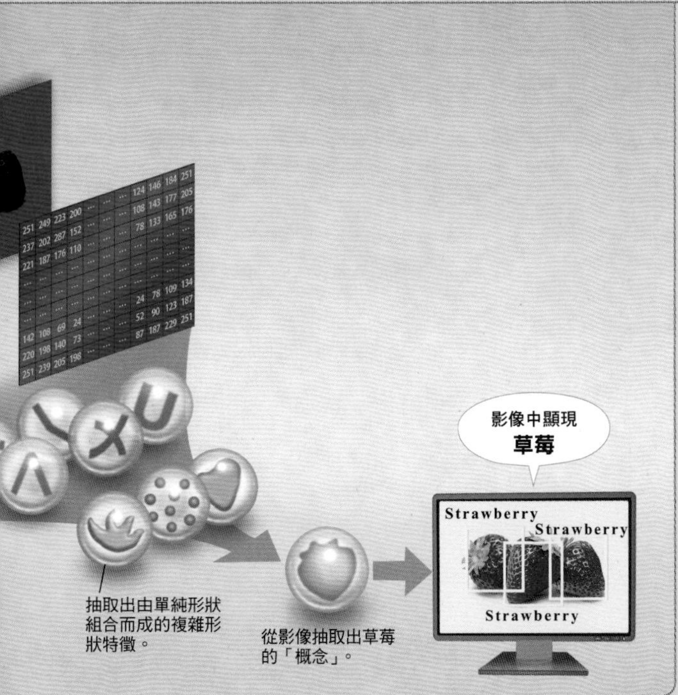

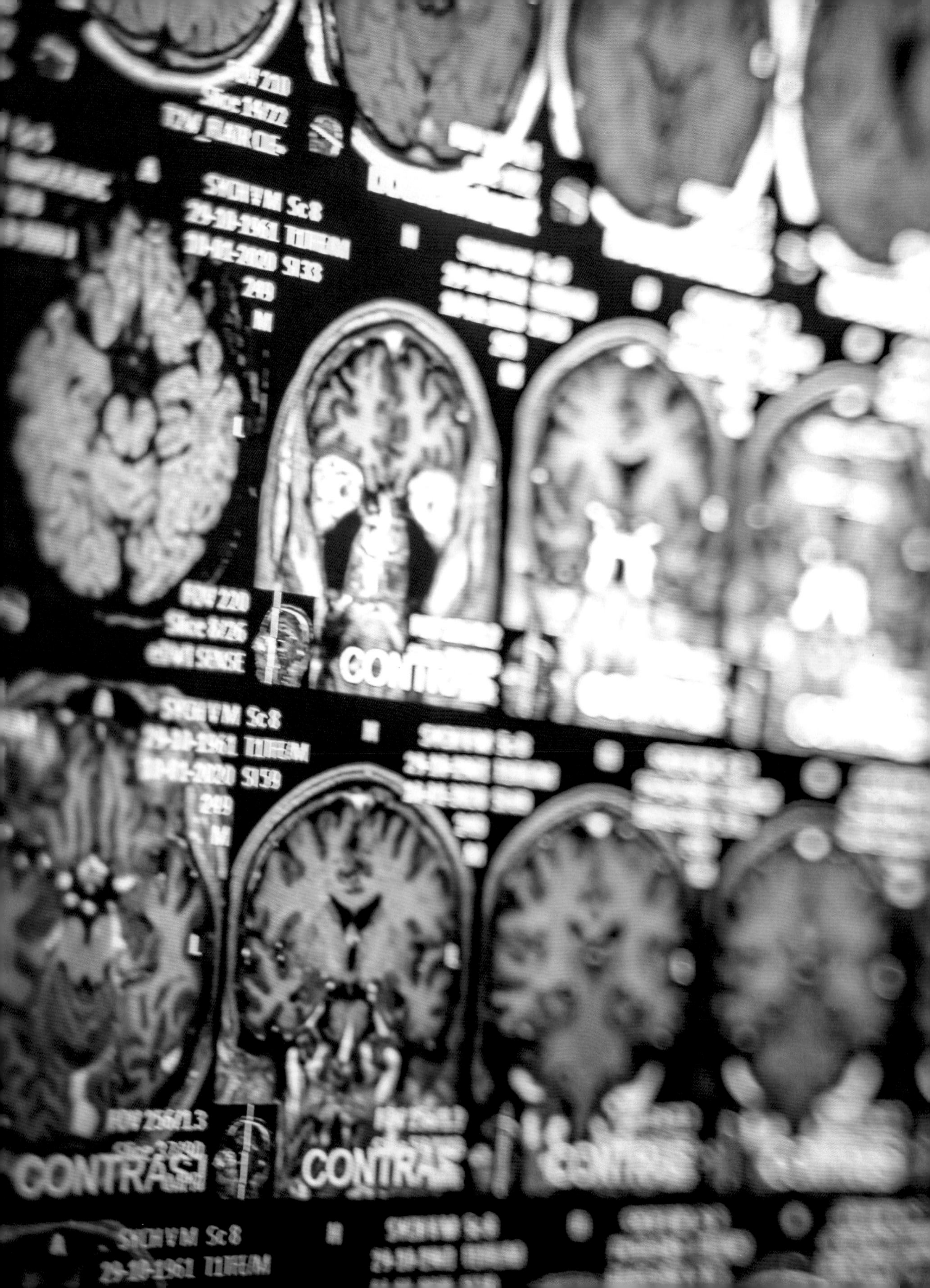

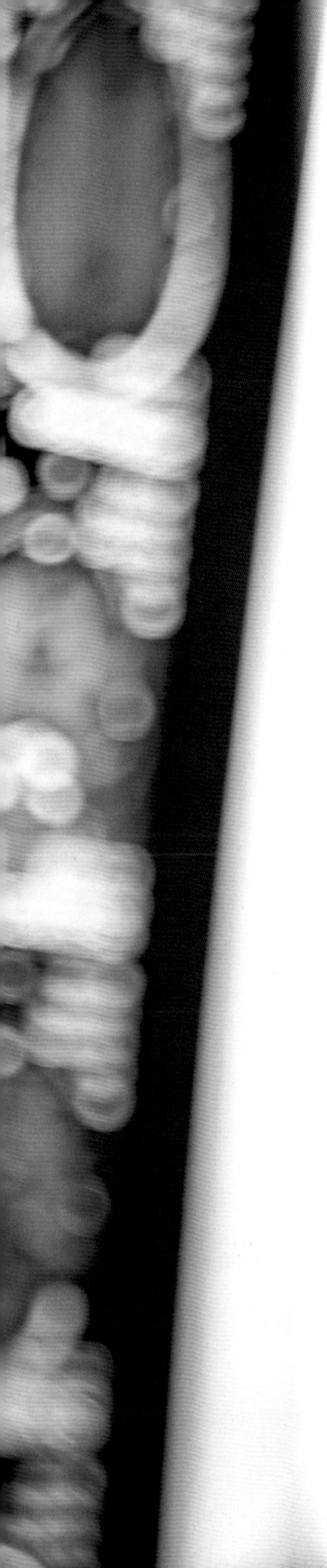

3

AI與醫療

AI in medical field

從診斷、手術到開發新藥，AI的應用範圍極其廣泛

在醫療領域中，AI的應用範圍極其廣泛。包括最擅長的影像診斷、從龐大資料中提出符合治療目的的物質、彙整血液及基因的資訊等不同資料進行分析等等，運用的項目可謂琳瑯滿目。

另一方面，雖然我們期待能夠在醫療領域上大幅運用AI，但若要立刻達到實用化，當今的技術尚嫌不足，目前AI只是仍在發展的技術。

藉由活用AI，不只希望能解決人力不足的問題、降低成本，還期待能提供醫療領域只有AI才能做到的新醫療。

日本的厚生勞動省認為以下6個醫療領域，應該把AI的開發列為重點項目：①基因組（genome）治療、②影像診斷輔助、③診斷與治療輔助（問診及一般檢查等）、④醫藥品開發、⑤照護、失智症、⑥手術輔助。本章將以這些領域為中心，探討AI應用的現況及未來的展望。

基因組治療

利用AI分析基因組資料，進行更有效的治療。

基因組是指生物細胞內的全部遺傳訊息。遺傳訊息含有構成DNA分子的鹼基（base）配列，它的數量相當龐大，多達30億個鹼基對。相當期待AI能應用於執行這樣的作業。基因組鹼基配列因人而異，它的變異可能與疾病的原因有關，所以能夠運用在診斷上。

此外，與抗癌藥劑的感受性、致癌原因有關的基因變異，也能夠運用在擬訂治療方針上。目前有國家如日本等，在建立資料庫，把基因組分析所得的資訊和臨床資訊統合起來。

影像診斷輔助

利用AI進行病理診斷。

AI在影像診斷上的運用正在急速發展之中。2019年，用於輔助腦部磁振造影（MRI）診斷腦動脈瘤的軟體，在獲得日本政府核可後開始銷售；用於輔助企業等定期健康檢查中，依據胸部X光影像診斷疑似肺癌的肺結節之軟體，在2020年獲得核可後開始銷售。

像這樣將AI運用在影像診斷上的情形若能更加普及，預期可大幅提升健康診斷的篩檢精準度。

影像診斷輔助的階段性進展	
第1級	單位置的單純影像辨識
第2級	多位置的複雜影像辨識
第3級	與人類能力同等的影像辨識
第4級	超越人類能力的影像辨識

診斷與治療輔助

利用AI把診斷所需的知識建立資料庫。

進入21世紀之後，醫學論文與日俱增，數量急速膨脹，已經遠遠超過人類能夠閱讀消化的程度。如果能利用AI把這些論文資料進行分析做分類建檔，將可大幅減少檢索所需的時間及成本。

此外，也能利用AI來協助每一個患者的疾病管理和疾病預防。

診斷與治療輔助的階段性進展	
第1級	輔助診斷發生率較高的疾病及其治療
第2級	輔助診斷比較罕見的疾病及其治療
第3級	輔助跨越多個診療科別的診斷及治療
第4級	輔助涵蓋全部診療科別的高階診斷及治療

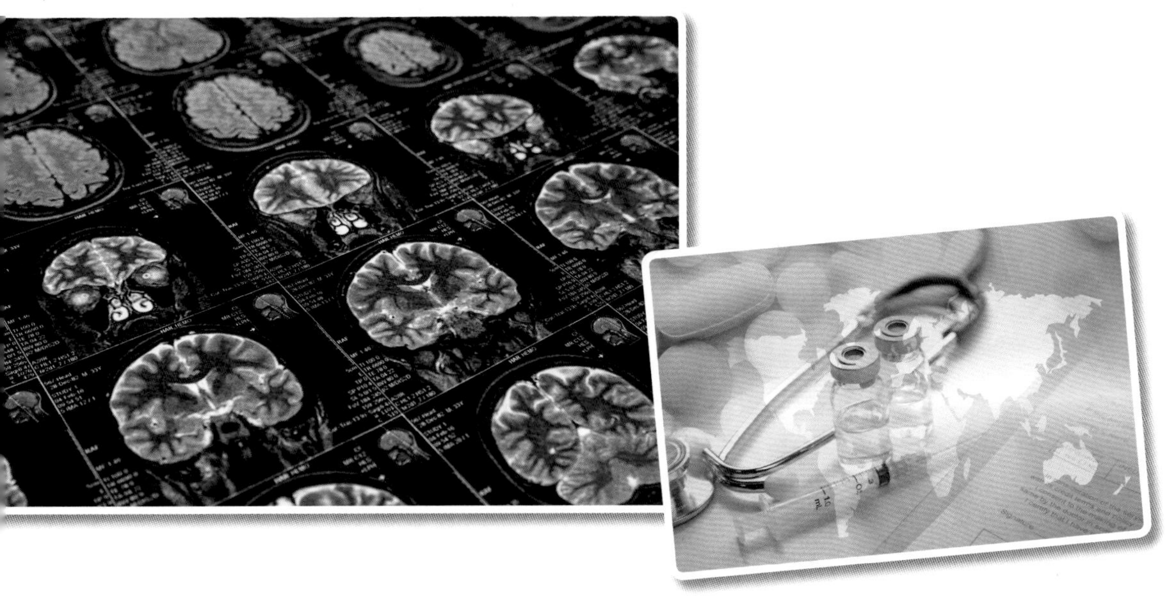

日本政府認為應該進行AI開發的6個醫療領域

根據「保健醫療領域之AI活用推進懇談會報告書」所提出應該把AI開發列為重點的6個醫療領域。其中，有可能比較快達到實用化的是「基因組醫療」、「影像診斷輔助」、「診斷與治療輔助」、「醫藥品開發」這4個領域。

醫藥品開發輔助

大幅縮短開發新藥所需的時間。

全球多個具有開發藥劑能力的國家，正大力運用AI研究開發新藥。未來，運用AI所開發的藥劑，預計將依循下表所示的級別逐步邁進。

醫藥品開發的階段性進展	
第1級	對基礎研究做高精度的預測
第2級	對非臨床試驗的有效性及安全性做高精度的預測
第3級	對臨床試驗的有效性及安全性做高精度的預測
第4級	對上市銷售後的有效性及安全性做高精度的預測

照護、失智症

照護機器人提供輔助。

在照護的領域，已經開發出照護機器人，並逐漸普遍應用於照護的現場。但是，在照護的現場會有各式各樣的需求，目前的照護機器人對其中的許多需求還沒有辦法做到適當的對應。因此，必須研擬引進不只是單純地幫助高齡者的行動，而是具有更高階照護能力的AI系統。

例如，配置感測器讀取膀胱內的尿量變化並利用AI預測排泄時機的系統，已經實用化了。利用這個系統，不僅能幫助高齡者維護尊嚴，也能提升照護作業的效率。

此外，對於老化造成的體溫下降及血壓上升等個人身體的變化，若能利用AI加以掌握，以便進行適當的診斷及治療，也是備受期待的應用項目。

手術輔助

利用AI執行生命跡象的掌握等作業。

用AI輔助手術的部分，預計將如下表所示的進程發展。但在2020年的時候，還沒有達到第1級的階段。期待AI的活用將可減輕外科醫生的負擔。

手術輔助的階段性進展	
第1級	掌握生命跡象(vital sign)，輔助手術的進行
第2級	在進行電腦模擬導航手術（navigation surgery）時，輔助外科醫生做決定
第3級	在外科醫生的監督下，使比較簡單的手術達到一定程度的自動化
第4級	在外科醫生的監督下，使複雜的手術達到一定程度的自動化

利用AI執行影像診斷，俾防止漏看癌細胞

現今AI最擅長的一個領域就是影像分析。在醫療現場命令AI利用這種影像分析進行病理診斷，此項功能的研究正如火如荼地展開。其中一項作業，是命令AI使用顯微鏡，觀察採自患者之胃等部位的組織標本，診斷有無癌細胞。

癌細胞的形狀千變萬化，不容易使用語言將其特徵定義清楚。但是，進行診斷的病理醫師不僅看過數量眾多的癌細胞，也看過非常多的正常細胞，所以能憑直覺揪出形狀異常的癌細胞。同樣地，如果讓AI學習許多「正常」的細胞，便能讓它發現異常的癌細胞。

讓AI分析大量由病理醫師診斷為正常的組織標本影像，從中抽取出正常細胞的特徵。亦即，讓它學習「正常的細胞是什麼樣子」。

然後，讓AI分析可能含有癌細胞的標本，把標本中所含的細胞特徵加以數值化，再計算它和正常細胞的數值有多麼近似。如果數值相差很多，即為異常，也就是說，判斷它有比較高的可能性是癌細胞。

由於社會邁入高齡化的關係，癌症患者日益增多，導致組織標本的診斷件數大量增多。以日本的情況來說，組織標本一年就增加將近3000萬件，而病理醫生卻只有2400人左右，使得每位病理醫師的負荷量相當沉重。

現在使用AI來幫忙檢查病理醫師有沒有漏看的地方，充其量只是輔助的角色。最終的診斷仍然設定由人類（醫師）來擔任。但在未來若能由AI進行診斷以便縮小發現癌細胞的範圍，將對醫師的工作帶來更大的幫助。

病理醫師和AI診斷結果的比較

由圖可知，雙方指出有癌細胞的位置幾乎一模一樣。

病理醫師所做的診斷

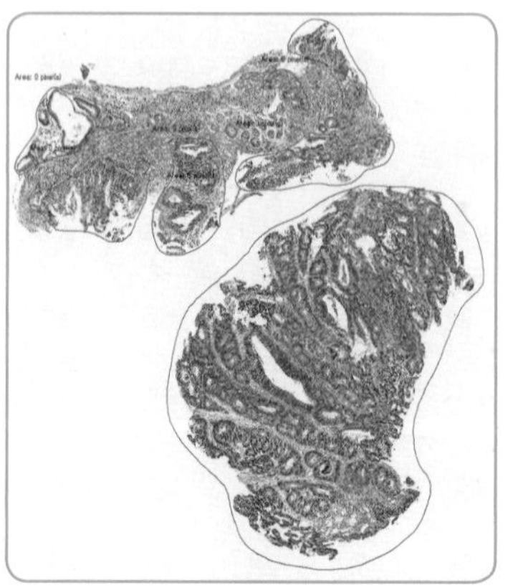

紅線圈起來的部位含有癌細胞的可能性很高

人工智慧所做的診斷

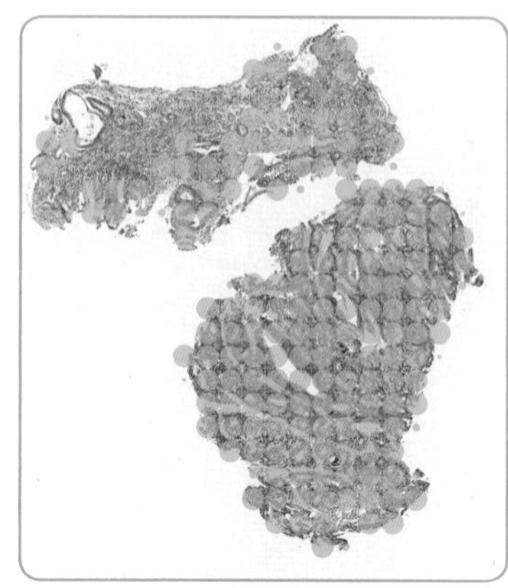

標記上綠色大圓的部位含有癌細胞的可能性很高

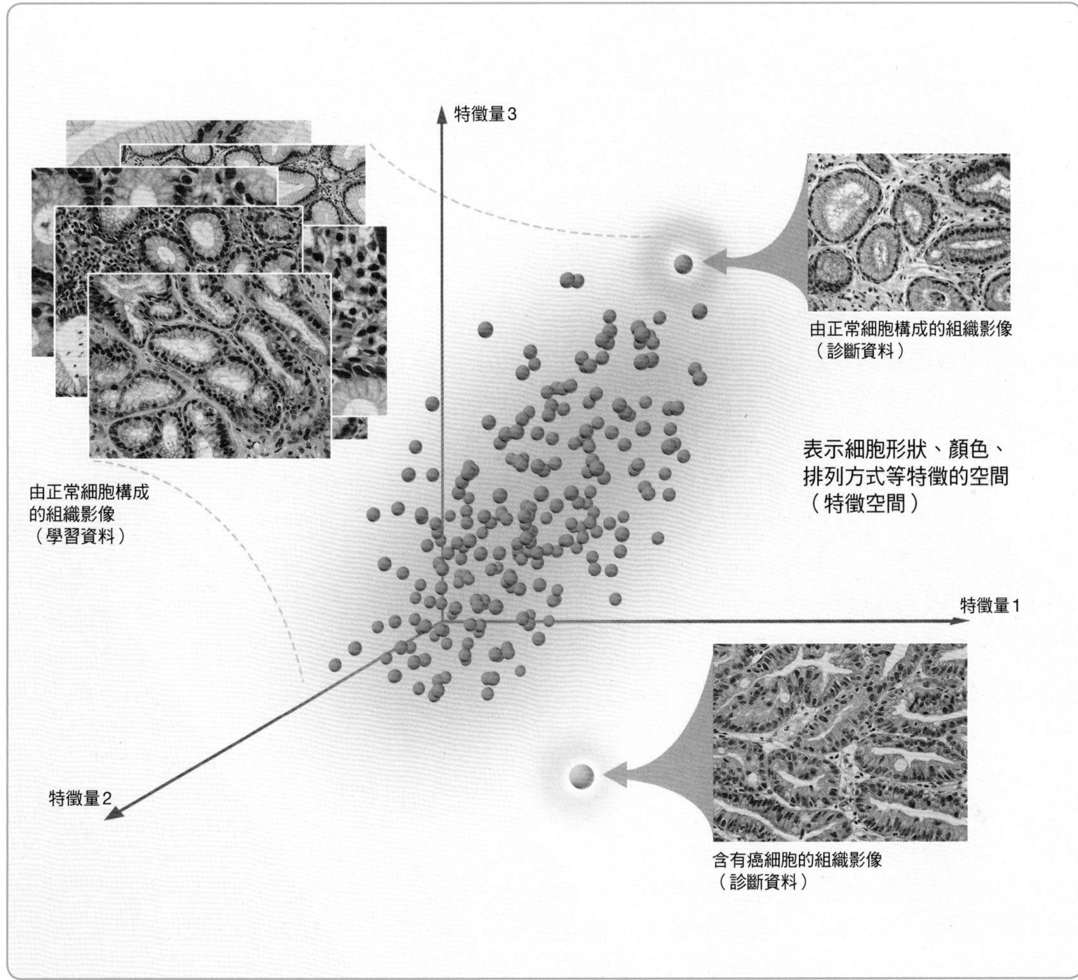

把細胞的特徵加以數位化

以上是日本產業技術綜合研究所村川正宏博士的研究小組開發的病理診斷AI的機制。使用大量顯現正常細胞的標本影像，由AI把標本影像的顏色、形狀等特徵分別獨立數值化。以由此得到的「特徵量」為座標軸，把各幅影像配置在空間上，可以發現顯現正常細胞的影像會聚集在一起。由於平面圖不容易表現，所以圖中的特徵量（座標軸）只設定了3個（3維空間），但實際上使用的特徵量多達300個以上。然後，把顯示正常細胞和癌細胞標本影像的特徵加以數值化，再分別配置在同一個空間上，即可發現，含有癌細胞影像的位置與正常細胞集團的位置有一段距離。這個與正常細胞集團的距離，就表示細胞的異常度，也就是含有癌細胞的可能性。

利用AI執行高速影像處理，俾醫師即時獲知結果

所謂的內視鏡（endoscope）檢查，是把攝影機放入體內，在胃、腸等消化道為主的地方拍攝影像以進行檢查。透過這種檢查能發現的東西之中，有一樣是「息肉」（polyp）。大腸息肉是大腸表面隆起的突粒，大腸癌通常是從這種息肉開始發展。因此，利用內視鏡檢查發現有息肉時，即可立即清除。

但是，體積太小、形狀扁平或凹陷的息肉很難發現。此外，有些部位不容易搜尋息肉，醫師的經驗也會影響發現的機率。有研究報告指出，儘管接受過內視鏡檢查，但仍然罹患大腸癌的案例中，有58%是因為在做內視鏡檢查時漏看了。

為了防止這種漏看息肉的狀況發生，便開始嘗試把AI運用在內視鏡檢查上。

首先提供約5000個大腸癌及息肉案例的內視鏡影像給AI，讓它學習。這些影像全部標示了內視鏡檢查經驗豐富之資深醫師的診斷結果。

讓AI全部學習之後，嘗試讓AI診斷大約5000張新的內視鏡影像。結果，找出息肉的發現率高達98%。

進一步再把這個AI裝設在進行高速影像處理的裝置上。透過這樣的嘗試，利用它來偵測拍攝的影像，結果只花了大約33毫秒的極短時間，就能得出有沒有癌症或息肉的結果。也就是說，利用AI的話，醫師能夠在移動內視鏡的同時立即得知結果。

發現各種大小和形狀的息肉

AI從大腸的內視鏡畫面發現息肉的幾個例子。不只能發現左邊影像這種大而明顯的息肉，就連其餘三幅影像中這樣的小息肉，甚至平坦的息肉，也難逃它的法眼。

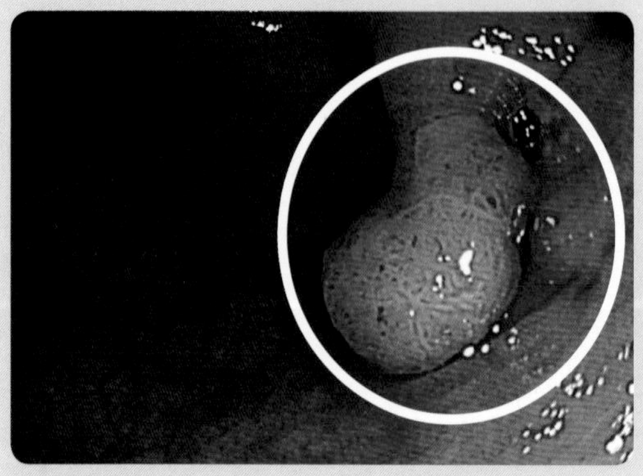

10毫米的息肉

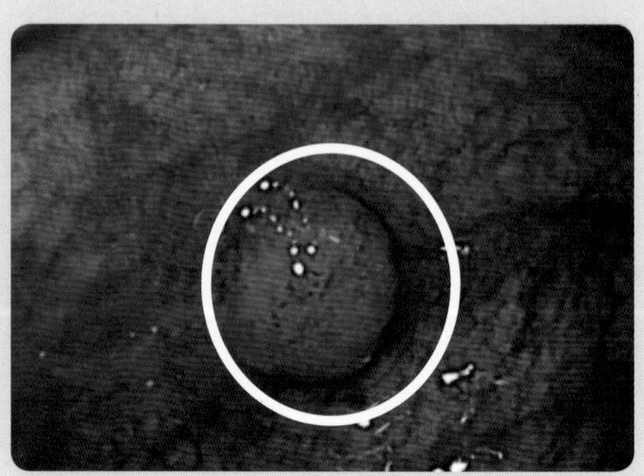

5毫米的息肉

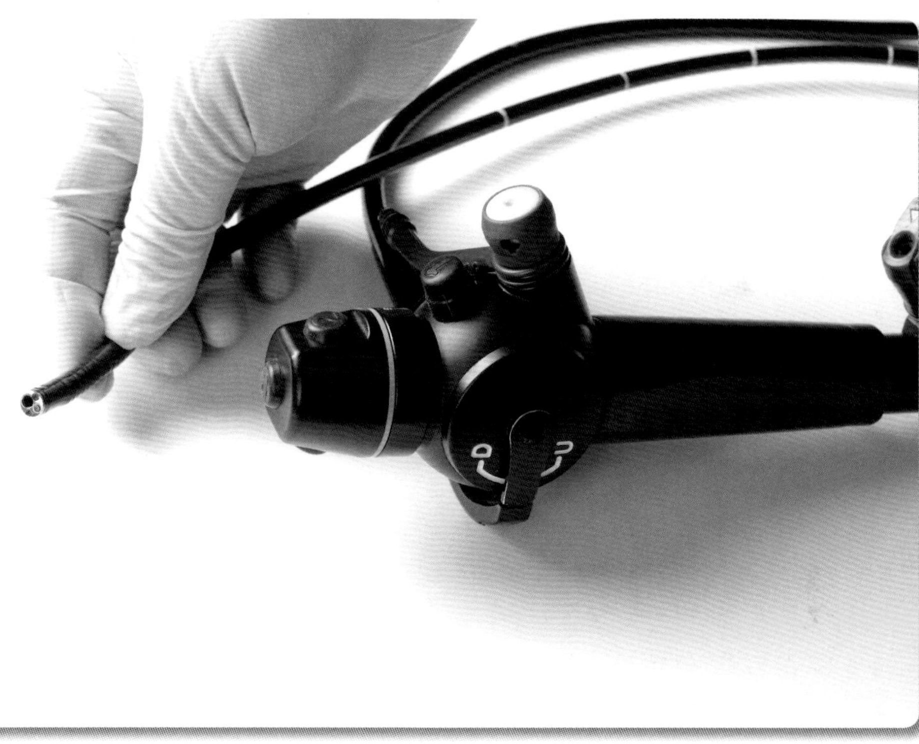

內視鏡檢查

內視鏡檢查是把一根前端裝設攝影機的細管插入體內，主要是拍攝胃、腸等消化道內部的影像，藉此進行診察的檢查作業。如果是檢查胃，則從口或鼻插入體內；如果是檢查大腸等部位，則從肛門插入體內。攝影機拍攝的影像會顯示在螢幕上，醫師以自己的眼睛觀看內視鏡所拍攝的影像，以診斷是否發生異常。

5毫米的息肉

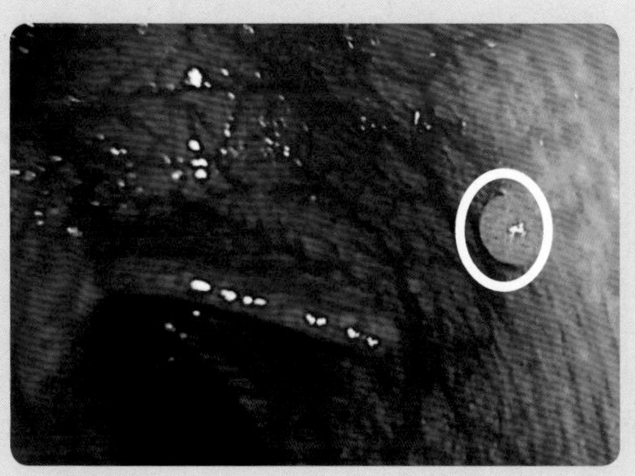

3毫米的息肉

沒有成見的AI最適合執行影像檢查的作業

由於人類有先入為主的成見和習性，例如發現一個病變的時候，即使旁邊就有另一個異樣病變，也很容易忽略掉。關於這一點，由於AI是電腦程式，沒有先入為主的成見。而且，它能夠不眠不休地把大量的影像當成文字般，持續機械式地做診斷。

必須診斷大量影像的一個例子，就是為了確認部分腦血管是否膨脹起來的「腦動脈瘤」等異常，使用磁振造影（magnetic resonance imaging，MRI）或電腦斷層攝影（computed tomography，CT）等裝置拍攝大量的頭部截面影像，稱為「斷層掃描影像」。

在診斷腦部的時候，一名患者要拍攝200張左右的斷層掃描影像。然後，依據右上方的斷層掃描影像，製作像右下方這樣以立體呈現的影像。醫師藉由觀察斷層掃描影像和立體影像，確認有沒有腦動脈瘤等異常。

在進行這種影像診斷時，也運用到AI的技術，從腦部的斷層掃描影像中，找出可能有腦動脈瘤的地方。

因為AI事先學習了大量的腦動脈瘤影像，便得以和醫師一樣把可能有腦動脈瘤的部位自動標註記號。目前，AI發現腦動脈瘤的能力，大概介於新進醫師和資深醫師之間。不過現階段，AI的檢查結果只是列為參考，最後的診斷仍然由醫師負責。

MRI和CT

MRI和CT都是拍攝身體的斷層掃描影像裝置，CT使用Ｘ光，MRI則使用大型磁鐵產生的「強力電磁波」拍攝影像。右邊相片為利用MRI進行診斷的場景。

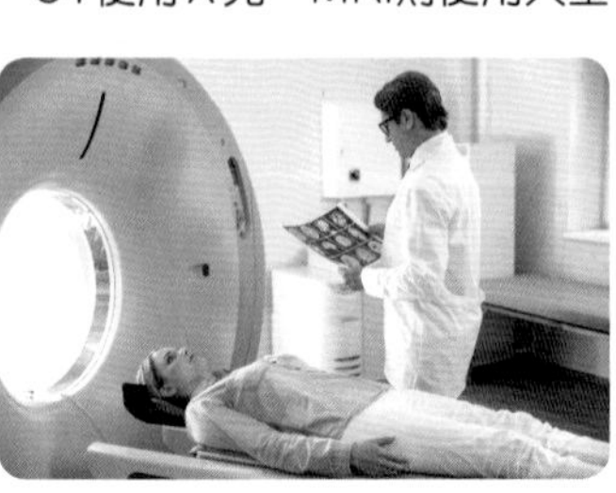

拍攝大約200張的斷層掃描影像

拍攝頭部的截面

使用MRI等裝置拍攝頭部的斷層掃描影像。另外還有一種稱為「MRA」（magnetic resonance angiography，磁振血管攝影）的方法，則是使用和MRI相同的裝置，拍攝特別容易觀察腦血管的影像。本頁為MRA拍攝的影像。

找出疑似腦動脈瘤的部位

這張影像是LPixel公司的影像診斷AI「EIRL」。自動從頭部的斷層掃描影像找出可能有腦動脈瘤的地方，並加上標記。

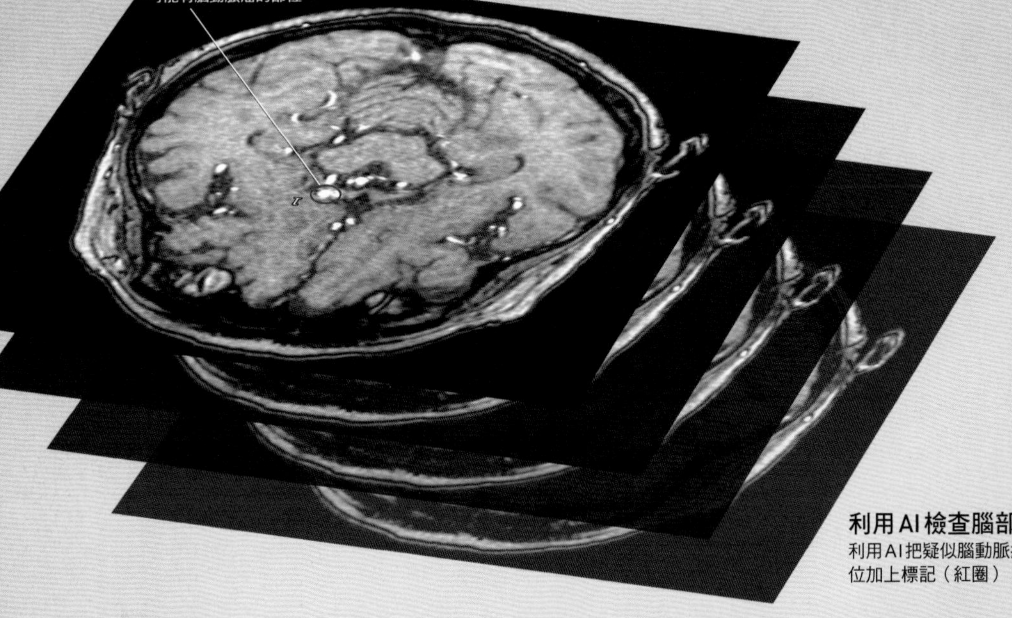

利用AI檢查腦部截面
利用AI把疑似腦動脈瘤的部位加上標記（紅圈）。

把斷層掃描影像以立體方式呈現

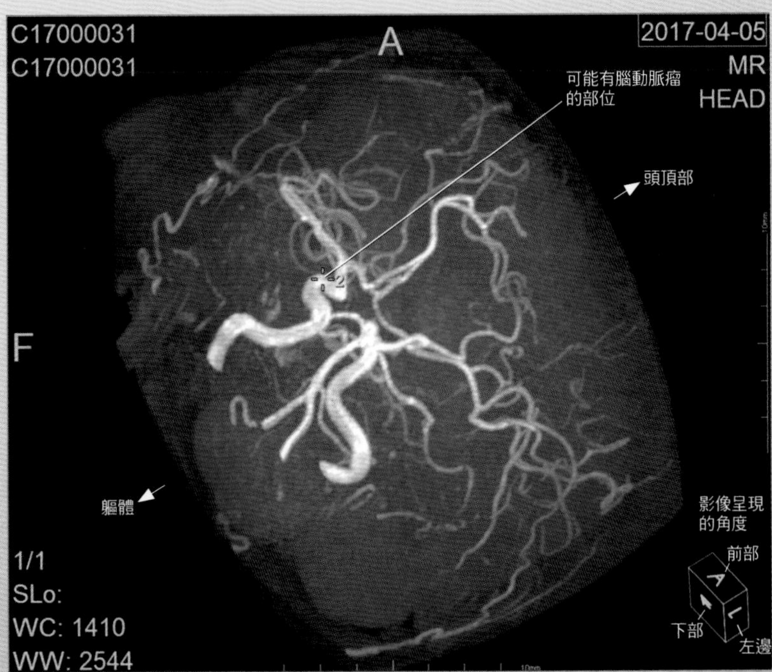

自由選取角度以立體呈現
右邊是把斷層掃描影像做立體呈現（投影）的影像。在影像中，可以看到AI發現到可能有腦動脈瘤的地方。

醫療用AI所需的學習資料乃「質」重於「量」

用於醫療領域的AI，必須有極高的正確性。以前頁的例子來說，實際試著要求AI鎖定腦動脈瘤的位置之後，必須再由多位醫師「核對答案」，確認是否在正確的位置標註了記號，或相反地，是否在沒有腦動脈瘤的部位標註了記號，有沒有失誤漏看等

核對答案，確認AI的學習結果

圖示為LPixel公司的AI學習流程。首先，由醫師在斷層掃描影像中有腦動脈瘤的部位標註記號，再把這些影像資料提供給AI學習。之後，讓AI判定實際的斷層掃描影像，確認（核對答案）它是否已經正確學習了。如果獲致確認，就把它使用在正式的系統上。AI的學習分為「判斷有無病變」及「確定病變部位」等多項工程進行。這麼一來，如果學習結果發生錯誤的話，比較容易確定問題出在哪裡，而能把AI的再度學習聚焦到最小的範圍。

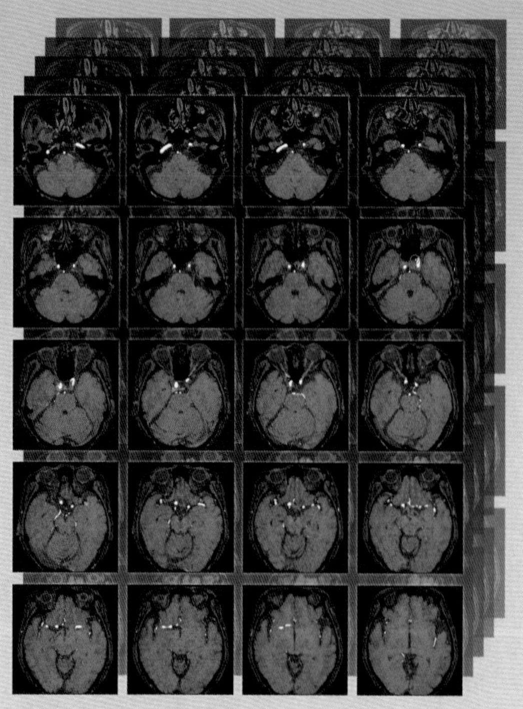

標記正確答案的學習資料

輸入學習資料

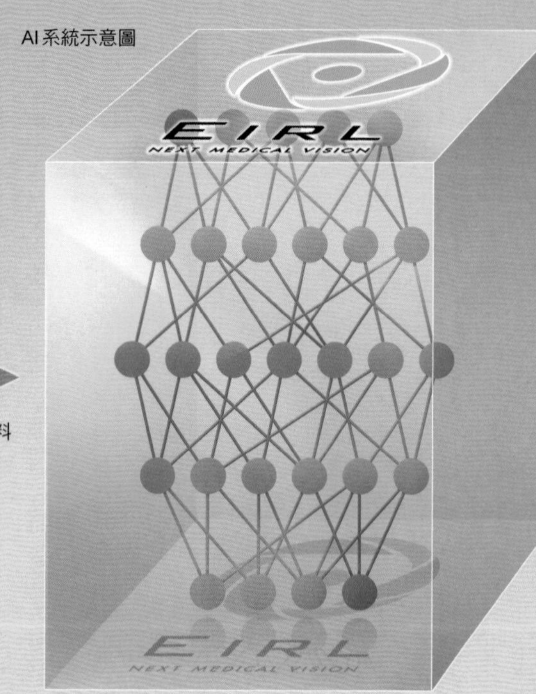

使用深度學習的手法進行學習

情形。然後，把核對答案的結果再次給AI學習，以求提高它的準確度。

採行深度學習這類稱為「機器學習」的AI學習手法時，由於人類無法詳細理解AI的學習結果，有時候會產生所謂「黑盒子」（black box）的問題。雖然原本打算讓AI讀取大量的腦動脈瘤影像，使它能夠學會腦動脈瘤的特徵，但事實上，有時候它卻學到了錯誤（與腦動脈瘤無關）的特徵。

AI的學習結果是以人類即使看到了也不容易理解的形式記錄在電腦中。也就是說，人類很難直接更改AI的資料，去修正錯誤的學習結果。

犯了學習錯誤的AI，要矯正它步上正軌十分困難。由於這個緣故，對於醫療影像的AI來說，學習資料的「質」可說是格外重要。

讓AI依據斷層掃描影像進行腦動脈瘤的判定

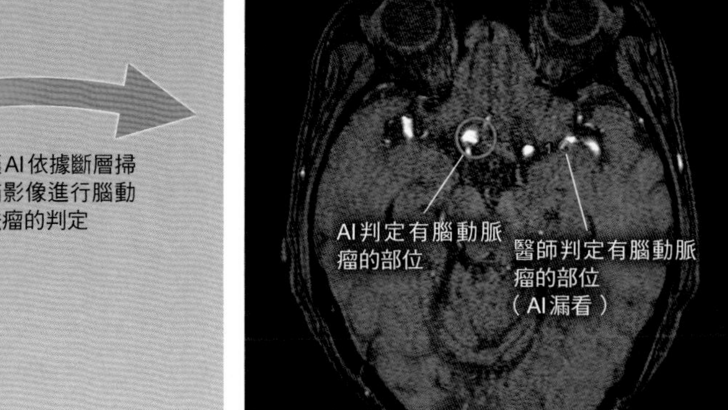

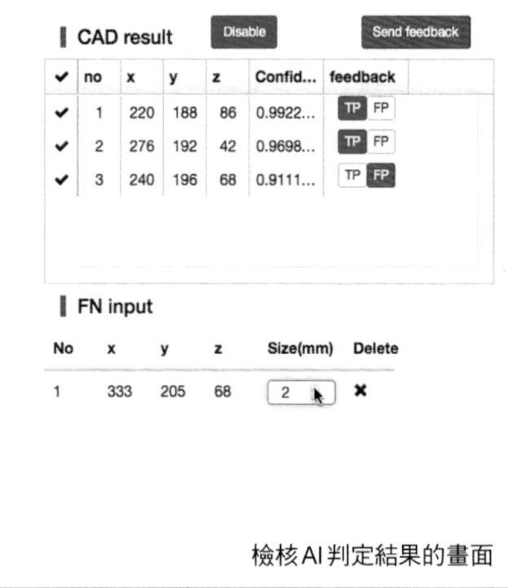

檢核AI判定結果的畫面

把醫師核對答案的結果提供給AI學習

醫師核對答案

由多位醫師進行檢核，確認是否有腦動脈瘤卻沒有找出來（偽陰性），或實際上沒有腦動脈瘤卻誤判為有（偽陽性）。這種核對答案的作業，在AI做補充學習時也會隨時執行，以便確認AI的判定基準是朝著正確的方向進展。

AI依據談話方式的特徵判定患者有無精神疾病

在治療憂鬱症等精神疾病的部分，目前還沒有建立起一套客觀的方法，讓醫師能夠根據血液檢查或腦部影像診斷之類的資料，診斷疾病的種類及嚴重程度。像這種「看不到」的心理疾病，已經有專家在研究如何利用AI輔助醫生理解並做客觀的診斷。

各種精神疾患的談話方式都有其特徵，例如憂鬱症患者的說話速度會比較緩慢等等。精神科醫師就是藉由掌握這些特徵進行診斷。這項研究希望把精神科醫師這些難以用言語下定義的「內隱知識」（tacit knowledge）用AI加以數位化。

具體而言，就是把醫師和患者的會話轉換成文字之後，由AI分析其內容，依據聲音和文字的各種資訊，把談話方式的特徵加以數值化（抽取出特徵量）。特徵經數值化之後，就能計算出該特徵和哪種疾病、症狀具有強烈的關聯性。也就是說，可以從談話方式的特徵推測患者罹患哪種病症的機率較高。

截至2020年為止，針對思覺失調症（schizophrenia）、憂鬱症（depressive disorder）、雙極性情感疾患（躁鬱症，bipolar disorder）、焦慮症（anxiety disorder）、失智症（dementia）患者以及健康者，總共已取得並分析大約480個小時以上的資料。

雖然對於有無患病的判定，成功率已經達到一定的程度，但利用AI分析對話的結果，目前預計只是作為醫師最終診斷時的參考。

「UNDERPIN」計畫

這是日本慶應義塾大學岸本泰士郎專任講師和靜岡大學狩野芳伸副教授的研究團隊所執行的一項計畫。把醫師和患者（受測者）於一般診察時的對話錄音，由AI利用「自然語言處理」的技術，分析說話者的語速、使用的單詞種類和次數、指示語（這個、那個……）的頻率、單詞的反覆、從主詞到述詞的單詞數量多寡、句子構造的複雜度等等，把患者談話方式的特徵加以數值化（抽取出特徵量）。

具有相同症狀的患者，在空間中會密集聚在一起

這是把受測者說話方式的特徵量，配置在以特徵量作為座標軸的空間示意圖。為了簡化起見，把患者配置在只以3個特徵量作為座標軸的3維空間裡，但實際上會使用更多的特徵量，配置在更多維度的空間裡。具有相同症狀的患者，在空間中會較為密集地聚在一起。因此，能夠依據患者和各個集團的「距離遠近」，來判定患者的疾病、症狀的種類及其嚴重程度。本圖也顯示各種疾病之主要症狀及其典型談話方式的範例。

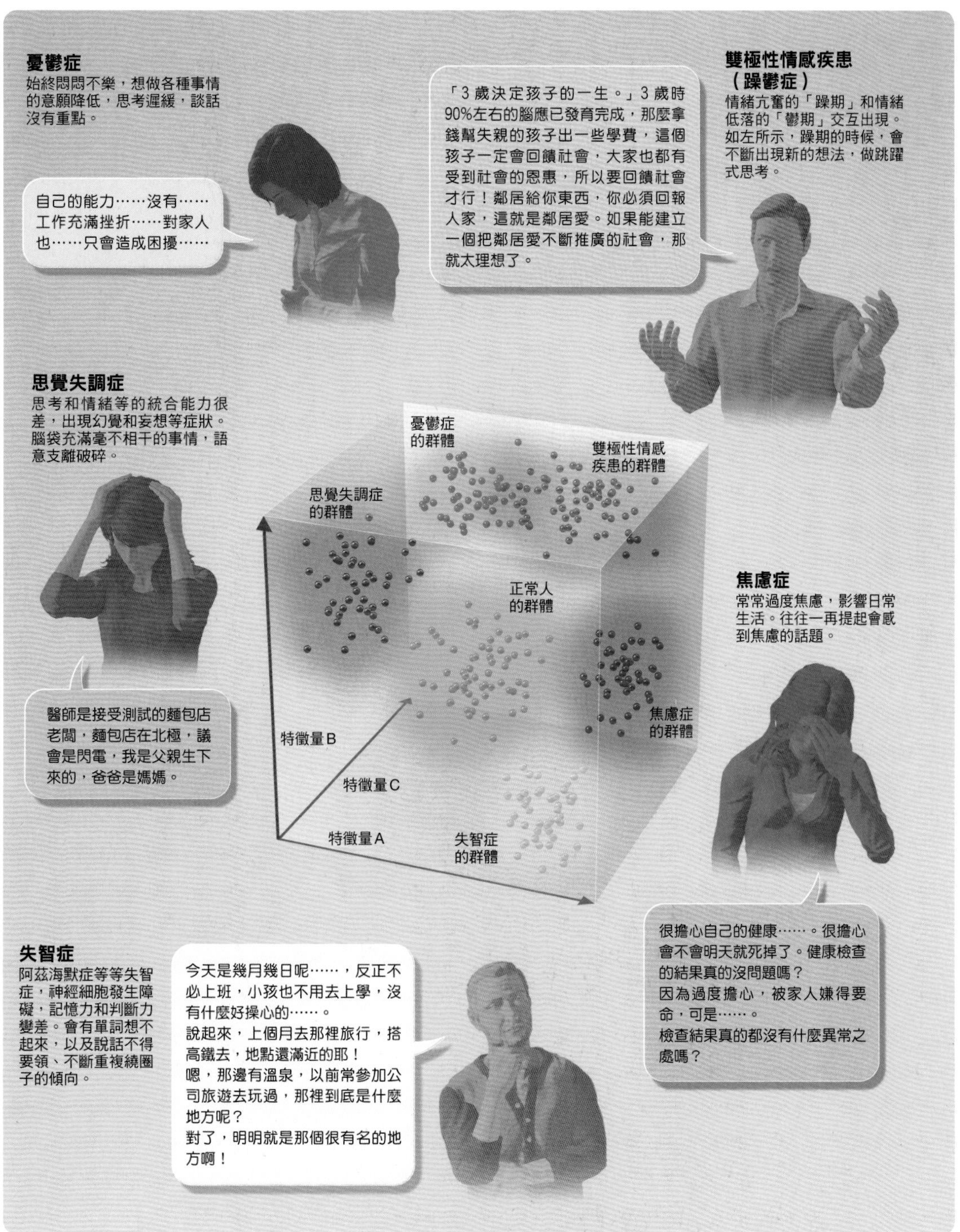

憂鬱症
始終悶悶不樂，想做各種事情的意願降低，思考遲緩，談話沒有重點。
自己的能力……沒有……工作充滿挫折……對家人也……只會造成困擾……
雙極性情感疾患（躁鬱症）
情緒亢奮的「躁期」和情緒低落的「鬱期」交互出現。如左所示，躁期的時候，會不斷出現新的想法，做跳躍式思考。
「3歲決定孩子的一生。」3歲時90%左右的腦應已發育完成，那麼拿錢幫失親的孩子出一些學費，這個孩子一定會回饋社會，大家也都有受到社會的恩惠，所以要回饋社會才行！鄰居給你東西，你必須回報人家，這就是鄰居愛。如果能建立一個把鄰居愛不斷推廣的社會，那就太理想了。
思覺失調症
思考和情緒等的統合能力很差，出現幻覺和妄想等症狀。腦袋充滿毫不相干的事情，語意支離破碎。
醫師是接受測試的麵包店老闆，麵包店在北極，議會是閃電，我是父親生下來的，爸爸是媽媽。
憂鬱症的群體
雙極性情感疾患的群體
思覺失調症的群體
正常人的群體
焦慮症的群體
失智症的群體
特徵量B
特徵量C
特徵量A
焦慮症
常常過度焦慮，影響日常生活。往往一再提起會感到焦慮的話題。
很擔心自己的健康……。很擔心會不會明天就死掉了。健康檢查的結果真的沒問題嗎？
因為過度擔心，被家人嫌得要命，可是……。
檢查結果真的都沒有什麼異常之處嗎？
失智症
阿茲海默症等等失智症，神經細胞發生障礙，記憶力和判斷力變差。會有單詞想不起來，以及說話不得要領、不斷重複繞圈子的傾向。
今天是幾月幾日呢……，反正不必上班，小孩也不用去上學，沒有什麼好操心的……。
說起來，上個月去那裡旅行，搭高鐵去，地點還滿近的耶！
嗯，那邊有溫泉，以前常參加公司旅遊去玩過，那裡到底是什麼地方呢？
對了，明明就是那個很有名的地方啊！

談話方式範例的參考資料：《精神醫學入門》（南山堂）、《現代臨床精神醫學》（金原出版）

由AI對手術的「技巧」做客觀的評價

新進醫師通常是在前輩醫師的指導下，逐漸精進手術的技巧。但不僅是手術的技術，凡是由人來做技術指導，難免會摻雜太多主觀的感覺。為此，醫學界也正在開發能對手術的技術做客觀評價的AI。

這種AI目前是對副鼻腔（鼻子深處的空

和資深醫師的差別在哪裡？

若要評價醫師的手術器具動作，首先，要使用設置於手術台上的攝影機，把手術器具的動作記錄下來。手術結束後，從影像中抽取出器具的移動方式等等，再由AI進行評價。雖然現在的系統是在手術後進行評價，目前也正在開發能在手術過程中即時評價的系統，以求改善手術流程延遲及移動方式的問題。

STEP1 記錄手術器具的動作

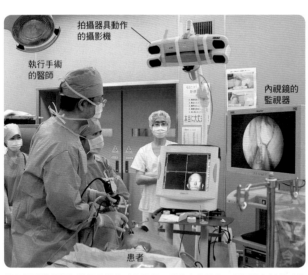

使用攝影機拍攝加裝標示器的手術器具，記錄它的動作。攝影機在拍攝時能夠同時測量它與對象物體之間的距離，而手術器具上加裝了能夠正確追蹤器具動作的標示器。使用的測量手法和「動態捕捉」（motion capture）相同。附帶一提，已將接受手術的患者臉部做模糊處理，以保護隱私權。

STEP2 使用標示器確定位置

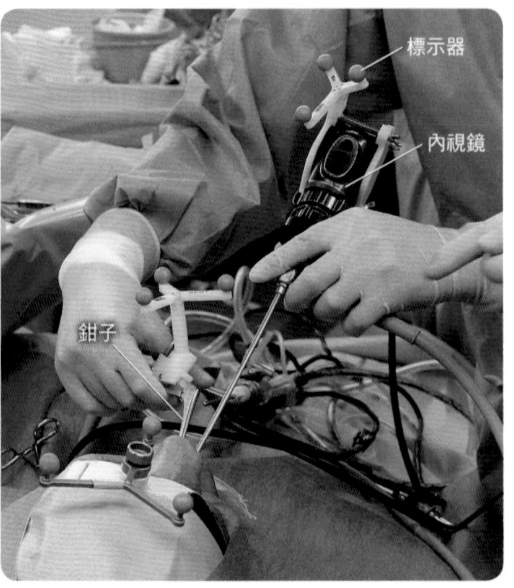

裝在手術器具和患者頭部的小球是用來確定位置的標示器。以標示器為基準，確定手術器具前端的位置等等。而，鉗子是一種能用前端夾住物體的剪刀形手術器具。

洞）等內視鏡手術中，手術器具的移動方式來進行評價。評價的項目包括手術器具的動作特徵及集中度等等。基本上，越接近「描摹」的動作，便能得到越高的評價。

如左頁下方的照片所示，使用攝影機把住院醫師操作手術器具的動作記錄下來。手術結束後，將器具移動方式的分析結果與摹本做比較，依此進行評價和給分。作為評價基準的摹本，則取材自多位資深醫師的器具移動方式。

記錄手術器具的動作之後，會發現較之新進的住院醫師，資深醫師會把內視鏡左右移動且大幅度地改變角度。從資料可以看出，他們會仔細觀察比較寬廣的範圍。

利用AI進行評價，未來有可能作為醫師的技術指標，或是用在需要特定技術的醫師認證考試之中。

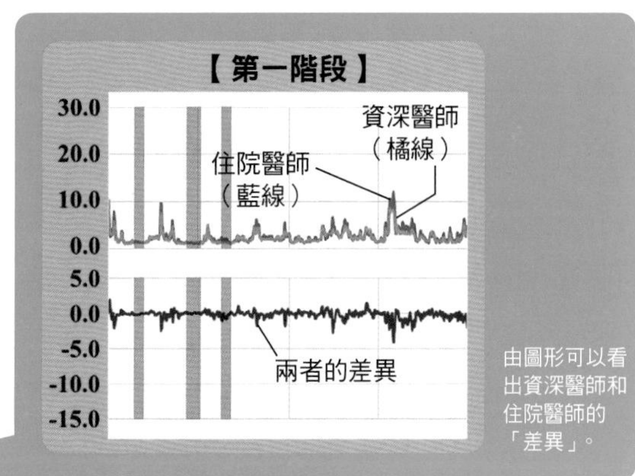

由圖形可以看出資深醫師和住院醫師的「差異」。

STEP3 由AI評價器具的移動方式

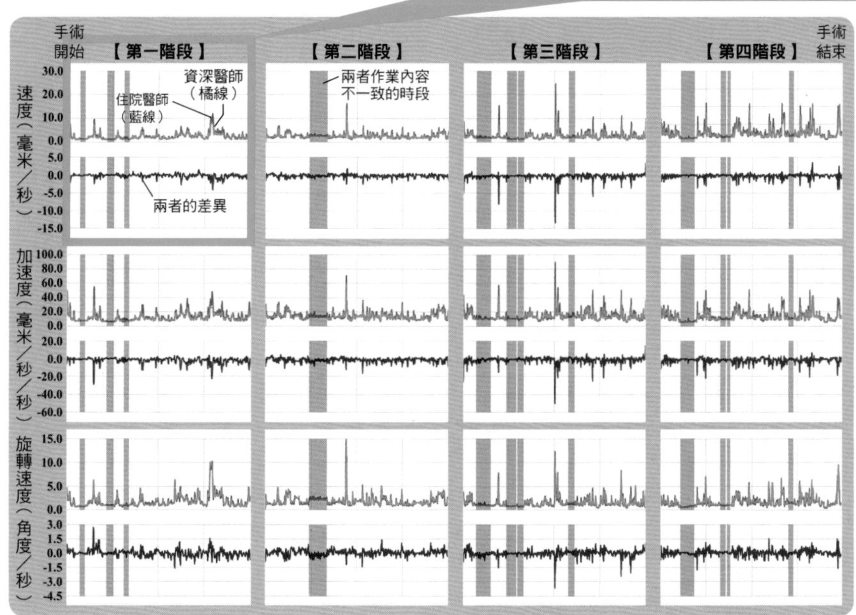

上圖顯示手術過程中內視鏡的動作（速度等的變化）。橫軸為時間，手術依處理的內容分成四個階段。觀察上段的速度圖形可知，資深醫師（橘線）比起住院醫師（藍線），整體的速度變化比較小，操作相當穩定。灰色部分是資深醫師和住院醫師兩者作業內容不一致的時段。由於住院醫師不太確定手術的進行方式，所以很多時候作業內容會不太一樣，這種情況比較常出現在各個階段的前半段。

利用AI提供各個患者最適當的醫療服務

在統合癌症醫療系統的開發過程中也運用到AI。

為治療癌症而拍攝的MRI影像、血液檢查或癌症患者的基因突變等諸多資料，這個系統會經由AI把這些資料統合起來進行分析，以便檢視它們的關聯性。

舉例來說，即使擁有大量與癌症相關的醫療影像及基因資訊，但是研究人員並沒有那麼容易找到妥適的方法，能夠把它們組織起來進行分析。另一方面，AI卻能夠自動學習，找出比較適當的作法，使其得以組織進行分析。

研究者希望能把不同種類的資料統合在一起進行分析，或許能發現諸如「具有特定基因突變的人必須投予特定的藥劑才會有效」的新關聯性。

將來，只要把和癌症有關的基因或血液檢查等資料，輸入已經學習癌症相關所有資料的AI，就能提出適合該患者的治療方法或抗癌藥劑等等。

截至目前為止的癌症治療，基本上都是把「對一般人有效的某種藥劑或治療方法」應用到每個人身上。未來，希望能依據基因組訊息等等，針對患者個人進行最適合的治療。想要實現這個目標，就需要用到統合癌症醫療系統。

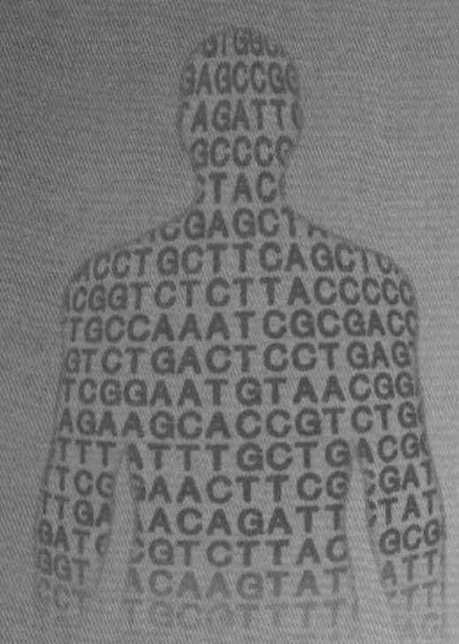

個人的基因訊息
基因組（全部基因資訊）是生命現象的基礎訊息。基因訊息和個人罹癌的難易度、藥劑的有效性也有關係。

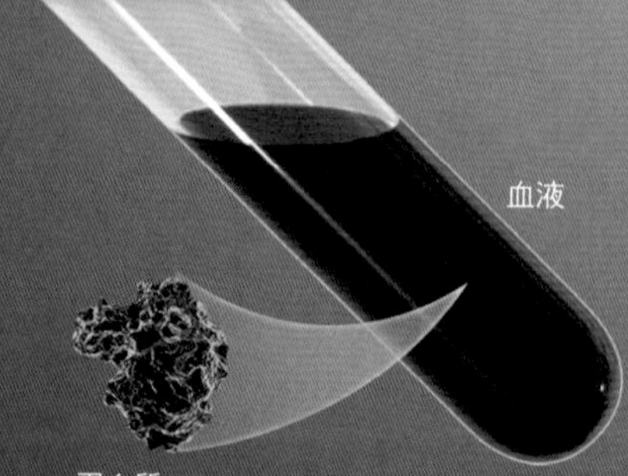

血液和蛋白質的資訊
從癌症患者採取的血液，以及血液中所含的蛋白質等等，其中含有對早期癌症診斷的開發有用的資訊。

利用AI把不同種類的資料做統合分析

如圖所示，日本國立癌症研究中心開發的「統合癌症醫療系統」，利用AI把各類癌症的相關資料統合起來加以分析，以求發現與癌症治療方法、癌症性質相關的新資訊。開發計畫從2016年啟動。

與癌症相關的DNA訊息
促使癌症發作的基因突變，以及從癌細胞釋出的DNA等訊息。與醫療相關的DNA訊息稱為臨床序列（clinical sequence）。

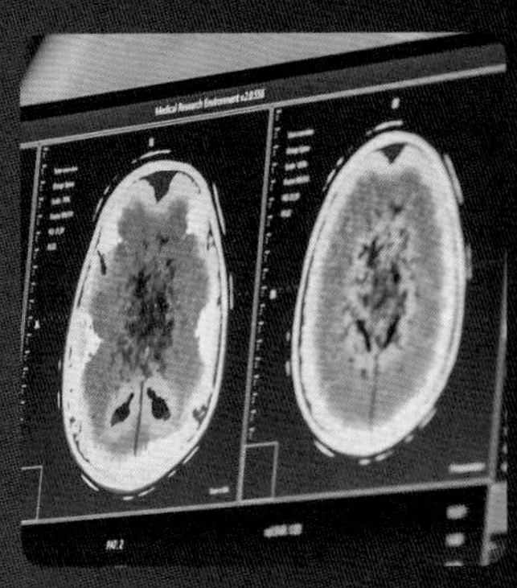

醫療影像
使用CT或MRI等裝置拍攝的診斷用醫療影像，其中包含癌的形態以及大小等等資訊。

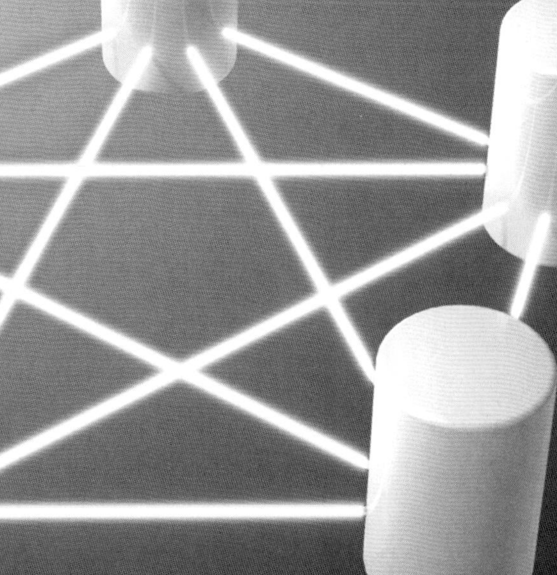

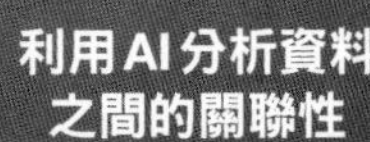

醫學、生物學的實驗資料
使用培養的癌細胞進行實驗和使用老鼠等進行動物實驗所獲得的資訊。

SECTION 29

Virus sensor using AI

病毒判別AI

能檢出單個病毒的AI病毒偵測器

使用高感度偵測器所獲得的資料十分緻密且龐大，人類不可能直接檢視這些資料並加以判斷。如果使用AI，就能在瞬間進行分析。舉一個實際的例子，就是在極薄的膜上開一個非常微小的孔，藉此能夠偵測出單個病毒的偵測器技術。

在薄膜的周圍灌滿生理食鹽水等電解液（導電的液體），再施加電壓，鈉離子和氯離子等帶電粒子（離子）便會穿過薄膜的孔而移動，因此產生電流。這種孔非常微小，直徑只有300奈米。

流感病毒在生理食鹽水中也會帶著微量的負電，因此只要施加電壓，流感病毒便會穿過薄膜的孔。這個時候，如果因為該移動的病毒堵住了小孔，便會妨礙離子的移動，導致電流在瞬間變小。

根據流感病毒的類型不同，則穿過小孔之際所產生的電流波形，也會有些微的差異，這是因為各類型病毒的表面蛋白質不相同的緣故。

讓AI學習不同流感病毒類型所造成的波形變化，它便能從人類無法分辨的些微差異判別流感病毒的類型。其判別的準確度，在單個病毒的情況下為72%，若為20個病毒則達95%。

利用這項技術，將可在利用傳統方法難以掌握的感染初期就偵測出流感病毒，並且判別它的類型。

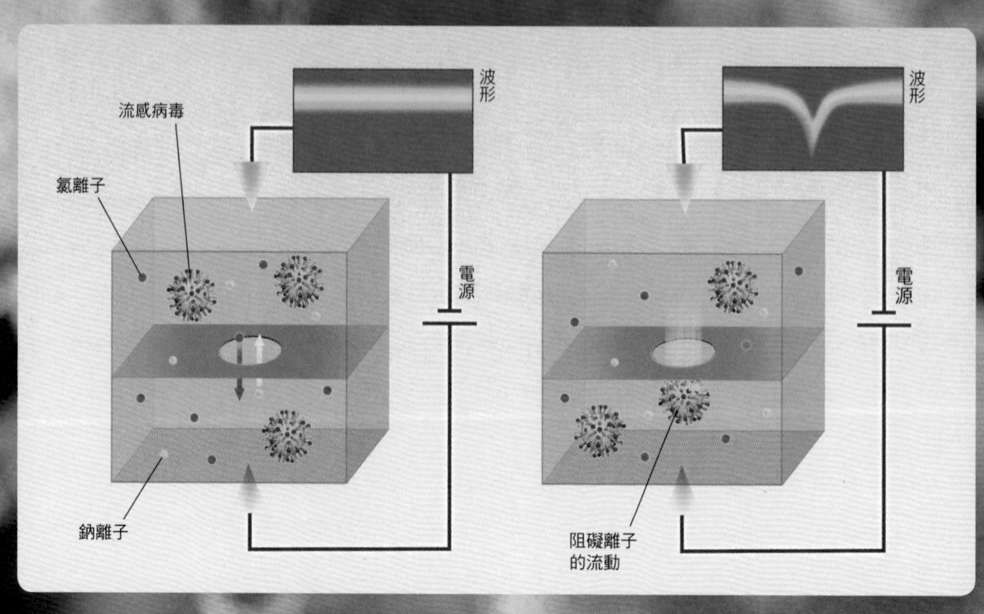

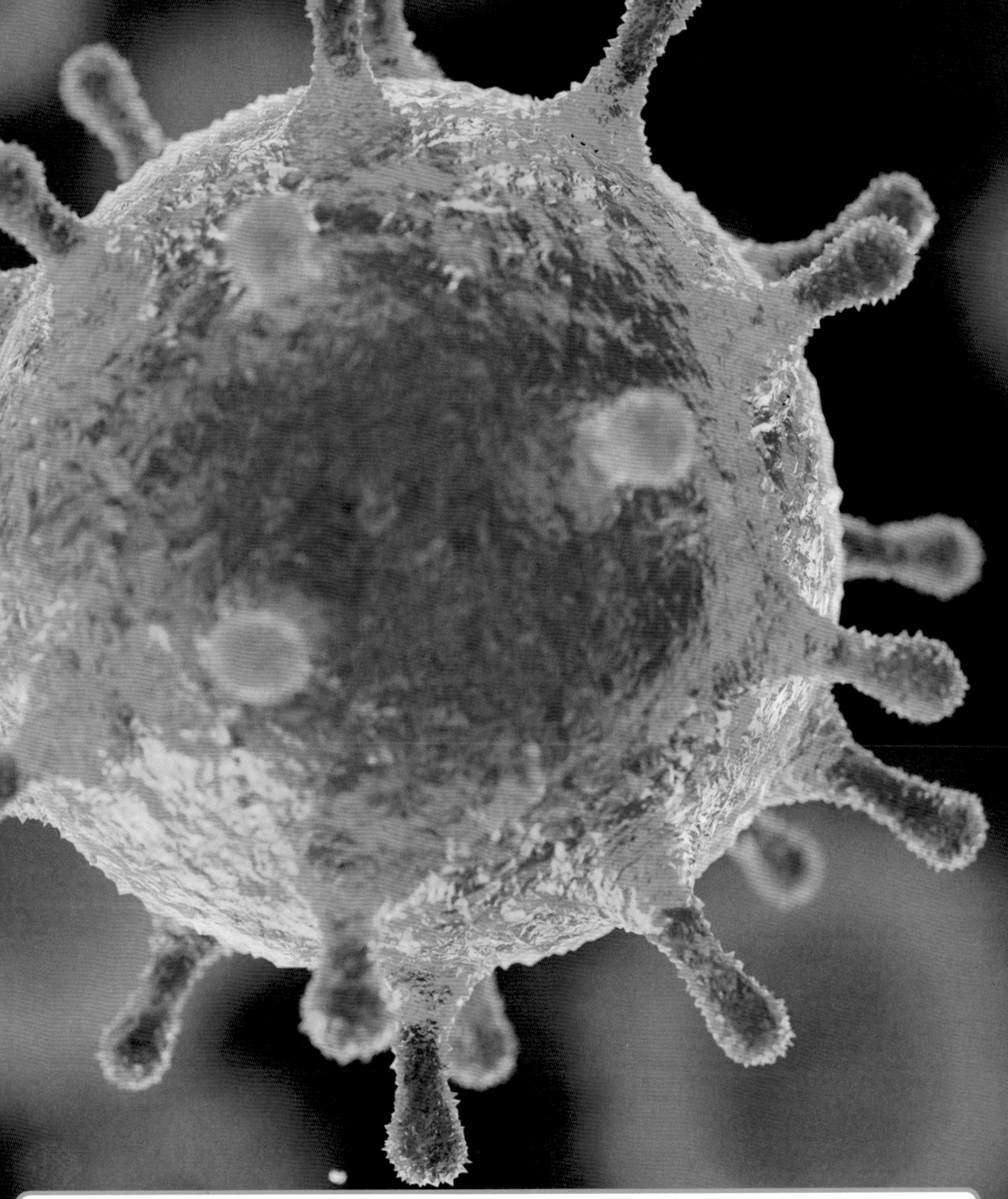

檢測出電流的些微變化

這項研究是日本大阪大學產業科學研究所的團隊所發表的成果。離子在穿過微小的孔之際，會產生電流（左頁左圖）。而流感病毒穿過這個小孔時，由於它的體積會阻礙離子的移動，導致電流的流動變小（左頁右圖）。依據電流的波形差異，使用AI判別穿過小孔的病毒類型。

利用AI的提案找出可作藥劑使用的物質

在研發新藥劑的現場，研究人員必須從無數種化合物當中精準無錯失地找出對特定疾病有效的物質。然則，在這樣的條件下想要開發出一種新藥劑，就必須耗費相當多的時間。為了解決這個問題，便開始考慮運用AI，以求提升研發新藥劑的效率。

一般而言，所謂可作為藥劑使用的化合物，就是能與致病蛋白質結合，進而改變其作用的物質。因此，研究人員把想要改變其作用的蛋白質資料，輸入為此目的而開發的AI，讓它推測能與此蛋白質結合的化合物，進而提出建議方案。

這種AI對於蛋白質與化合物「能結合的配對」和「不能結合的配對」採取深度學習的方法，分別學習大約12萬種過去的實驗資料。藉由學習如此龐大的資料，掌握「什麼樣的蛋白質能和什麼樣的化合物結合」的傾向。因此，若想要治療某種疾病，只須輸入該疾病之致病蛋白質，AI便會向我們提議能與它結合的化合物構造，即使不是既存的化合物也可以。

與細胞癌化相關的致病蛋白質「CDK2」（假設呈球狀時的直徑約4奈米）

會提出候選藥劑的AI

圖示為利用AI探尋候選藥劑的例子。我們已知有一種「CDK2」（cyclin-dependent kinase 2，週期蛋白依賴性激酶2）的蛋白質與細胞癌化有關，為了研發能夠抑制這種蛋白質作用的藥劑，把CDK2的資訊輸入AI，接下來AI根據以往所學習的資料，提議可用「2-anilino-5-aryl-oxazole42」（2-苯氨基-5-芳香基噁唑42）這種化合物。這類用於研發新藥劑的AI，是由日本京都大學奧野恭史博士利用「交互作用機器學習法」的技術所開發出來的。依據從蛋白質與化合物的交互作用資訊（化學基因組學的資料）所抽取出來的結合樣式，推測合適的活性化合物。

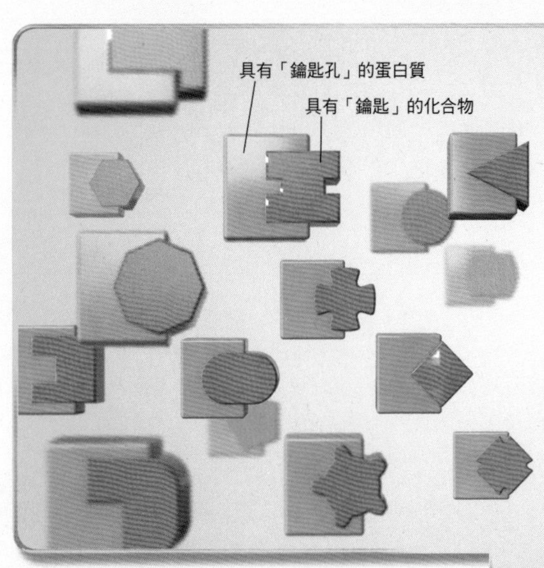

學習大量蛋白質與化合物的結合樣式

化合物和蛋白質具有如同「鑰匙」和「鑰匙孔」的關係。當具有與標的蛋白質之「鑰匙孔」完全符合的「鑰匙」化合物，才能成為候選藥劑。奧野博士開發的AI（交互作用機器學習法），分別學習12萬種對於蛋白質與化合物「能結合的配對」和「不能結合的配對」資料。

蛋白質與化合物彼此之間具有比較容易結合的結構特徵，AI藉由深度學習得以掌握，所以只須輸入疾病的致病蛋白質，便可提出能與該蛋白質結合的化合物。而且，在輸入蛋白質之後，AI只須花幾個小時的時間，便能找出候選的化合物。

輸入AI

從AI輸出

AI提出可能作為藥劑的化合物方案

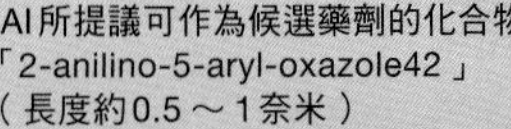

AI所提議可作為候選藥劑的化合物「2-anilino-5-aryl-oxazole42」（長度約0.5～1奈米）

從問診到診斷，於醫療現場大展身手的AI

從問診到診斷，未來都會由AI取代醫師來執行

目前研究者正積極開發醫療AI，期待能運用於各式各樣的醫療現場。或許在不久的將來，AI會取代醫師執行從問診到診斷的醫療作業。

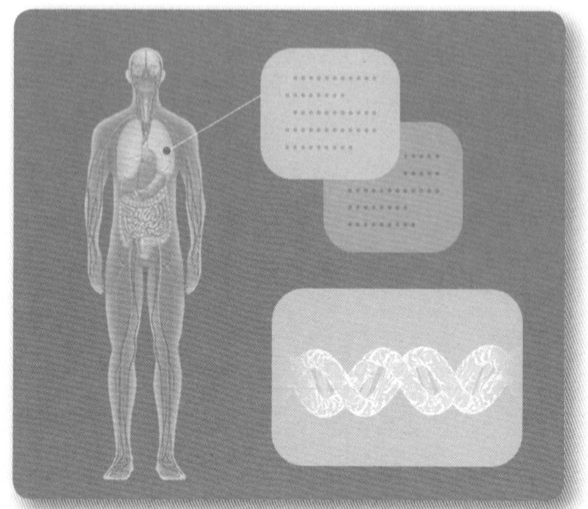

依據症狀提出病名及治療方法的AI

AI根據患者輸入的資訊，找出病名並製作電子病歷的服務，目前已經上線了。而且進一步展開提升AI的研究，希望能將患者的當前症狀、過往病歷、診療紀錄等做綜合分析，提出最適當的治療方案。

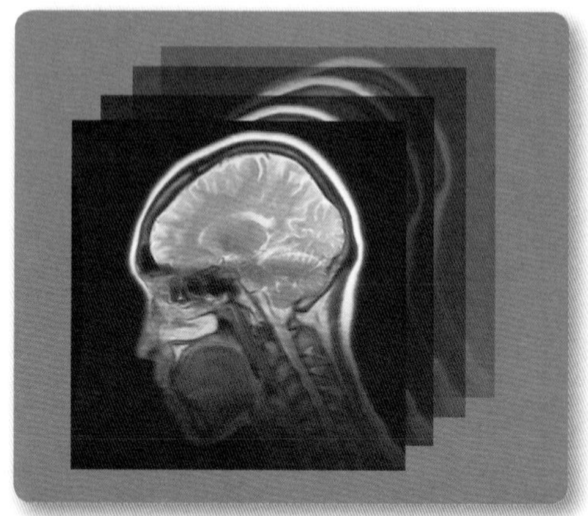

分析影像而找出異常的AI

AI採取深度學習的手法學習過去的大量影像之後，已經逐漸能夠做到分析X光及MRI的影像，並以不亞於醫師的高精度找出異常。

專欄 COLUMN　科學論文的「重現性」是AI醫療的瓶頸

目前正在研究讓AI學習大量的醫學論文之後，能夠依據患者的症狀推測病名。但長年以來，對於許多醫學論文沒有「重現性」的問題，一直爭論不休。所謂的重現性，是指利用論文中所描述的方法，再次進行相同的實驗時，會得到相同的結果（結論）。具有重現性是科學論文的一個大前提。

2012年某篇論文指出，針對癌症相關研究的53篇論文進行重現性調查，發現具有重現性的論文只有6篇（約11%）。此外，也有一些研究機構，原本想要開發讓AI學習醫學論文來輔助診斷的系統，後來計畫卻終止了。究其原因，與其說是AI本身的問題，不如說是懷疑作為學習資料的論文可能無法重現。

在特定場合輔助醫師執行診斷作業的AI，已經陸續出現在醫療現場了。

除了前面所介紹的AI之外，還有如依據患者在畫面上輸入的症狀，自動製作電子病歷，以便輔助醫師的「AI問診」服務已經實用化。此外，從X光及MRI（磁振造影法）的影像找出腫瘤等異常的「影像診斷AI」，也有部分獲得日本及美國的核可，獲准上市銷售。

讓AI根據患者血液的分析結果發現人類未知的癌症徵兆，以及讓學習大量醫學文獻的AI依據患者的症狀推測病名等等的研究，也正在進行之中。再者，進一步對症狀及診療病歷等資料做綜合判斷而提出最適當治療方案的AI，也正開發中。

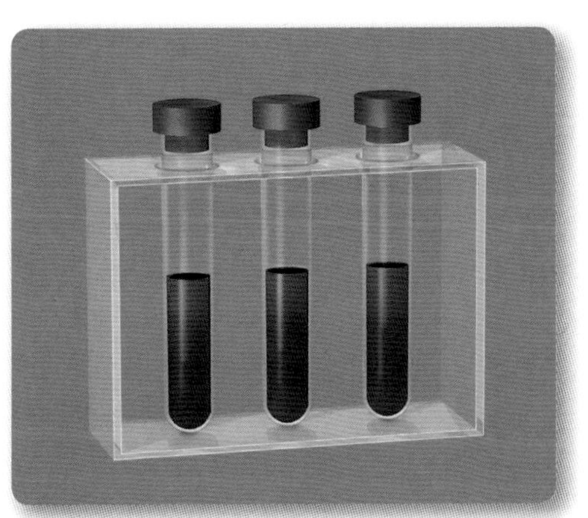

根據血液的資料發現疾病的AI
能分析患者的血液，並從這些資料早期發現癌症的AI，也正進行研究開發。

協助醫師診斷的AI
由AI取代醫師進行問診及診斷等作業，是很久以後的事。不過，目前已經在開發各式各樣協助醫師的AI。

COLUMN

AI也會被視錯覺圖形欺騙！

右頁這幅稱為「蛇形旋轉視錯覺」的圖，雖然是靜止的畫面，看起來卻好像真的在旋轉。明明沒有轉，看起來卻好像在轉動，人類的腦之所以會被欺騙，可能是因為腦具有「預測編碼」（predictive coding）這種機制。

視錯覺是因為腦胡亂地預想未來而發生？

預測編碼是一項假說，主張我們現在所認知的眼前景象，其實並不是真正看到景象本身，而是依據該景象而預測稍微未來一點的景象。如果腦預測的未來景象和經過一段時間後所呈現的實際景象有「誤差」，則腦會學習這個誤差。但如果預測和實際沒有誤差，則腦就不會學習。藉由這樣的機制，提升對於未來預測的準確度。

以蛇形旋轉視錯覺來說，如果腦胡亂地預想它會旋轉（如果產生誤差），可能就會認知它在旋轉。但這個假說還沒有獲得任何事例的驗證。

因此，已經有人嘗試讓AI學會預測編碼的機制來說明這個假說，如果它能和人類一樣確認視錯覺（visual illusion）現象的話，便有可能闡明預測編碼和視覺的關係。

若只是學習不經意的景象，就會被視錯覺圖形欺騙

假設讓某個人在遊樂園中自由地來回走動，拍攝約5個小時的影片，再給具有預測編碼機制的AI反覆觀看，讓AI採取深度學習的手法，再於學習約12個小時後，讓它觀看蛇形旋轉視錯覺的影像。測試之後的結果，確認AI和人類一樣會誤認影像在旋轉。由此可知，視覺的原因在於預測編碼，同時也由此得知，預測編碼似乎確實是腦的一項機制。

那麼，AI從遊樂園的影像中學習到什麼，為什麼會預想視錯覺圖形在旋轉呢？

事實上，和平常人的行為一樣，AI不經意地看到眼前的景象，會從其中胡亂地學習「某種東西」。

如果能夠知道這個「某種東西」是什麼，或許就能進一步闡明人在平常生活中會學習些什麼，而這又會對認知產生什麼樣的影響。

日本基礎生物學研究所渡邊英治副教授率領的團隊正在進行這項研究。下方的「蛇形旋轉視錯覺」是日本立命館大學北岡明佳教授於2003年設計的圖形。雖然是靜態圖畫，看起來卻像蛇盤捲身體正在旋轉的模樣。產生視錯覺的原因，目前比較有力的說法是與「預測編碼」這項腦內機制有關。

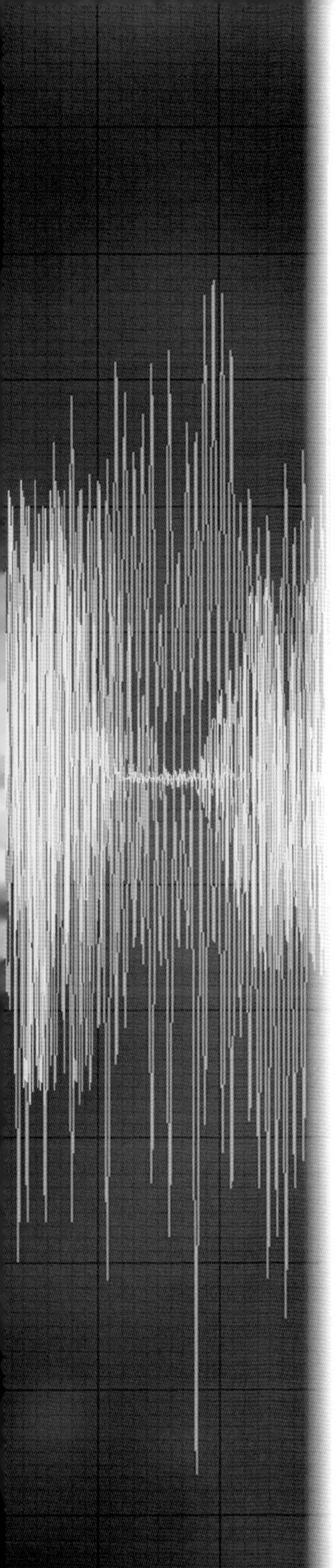

4

AI與語言溝通

AI and verbal communication

AI把語言轉換成「數字組」再翻譯

AI在語言翻譯的領域也十分活躍。

於此，我們就先來看看AI是如何認識「語言」的。

首先，把翻譯前的文字轉換成數值資料（行列）。像右頁圖這樣，假設翻譯前的日文句子是「私はこの本が好きです」（我喜歡這本書）。首先，把它分解成具有意義的文字集合，亦即單詞，成為「私／は／この／本／

專欄 COLUMN 把單詞的意義改用數字組表現

分析大量的句子，可以獲得如下表所示的「酒」、「喝」單詞關係，亦即某個單詞經常和哪個單詞一起使用的資訊。意義相似的單詞，它們的用法也會相似，這是語言中極為普遍的特性。所以，經常和哪個單詞同時出現的資訊（出現頻率）最終會表示出單詞的意義。如右邊向量圖所示，依據這些數字組（向量）的出現頻率，把各個單詞配置在空間中，發現具有相似意義的單詞會逐個聚集在一起。另外，利用深度學習的自動翻譯功能，是從對譯資料自動產生表示各個單詞的數字組。在反覆學習的過程中，也會自行微調數值（亦即意義）。

表示「酒」的數字組（向量）

	讀	新的	喝	瓶子	乘坐	速度
酒	2	14	92	86	0	1
啤酒	1	14	72	57	3	0
列車	2	94	3	0	72	43
汽車	3	284	3	2	37	44
書	338	201	0	0	2	1

左側單詞和上側單詞在句子中同時使用的頻率

在句子中一起使用的頻率越高，則數值越高

依據數字組配置單詞在空間中的位置（實際為多維度）

が／好き／です」。然後，把各個單詞用「數字組（向量）」來表現，也就是說，把翻譯前的句子轉換成由數字組排列而成的東西（數學上稱為「行列」）。每一個單詞都對應一個數字組，所以數字組的個數和單詞的個數一樣多。

各個單詞所對應的數字組，並非單單只是機械式地分配給各個單詞。如左頁下方的專欄所示，這一些數字組都是含有單詞意義的資料。

接著，使用學習「從日文翻譯成英文時的規則性」程式，計算轉換成數值資料（行列）的日文句子。根據計算結果，逐一出現表示英文單詞的數字組。翻譯程式也從對譯資料學習譯文的語順，因此，它會按照正確的語順，從句子的開頭依序輸出表示該英文單詞的數字組。最後，再把數字組分別轉換成各自對應的英文單詞，就出現了「I like this book」的英文句子，完成翻譯。

翻譯作業就是在計算數值

圖示為使用深度學習的自動翻譯流程。首先把翻譯前的句子轉換成數值資料（行列），接著把這個數值資料進行計算，以便轉換成不同的語言。在這個翻譯程式中，採用深度學習的技術（類神經網路）。在反覆學習的過程中，會逐漸調整計算方法和表示單詞的數字組之值，使翻譯越來越順暢自然。

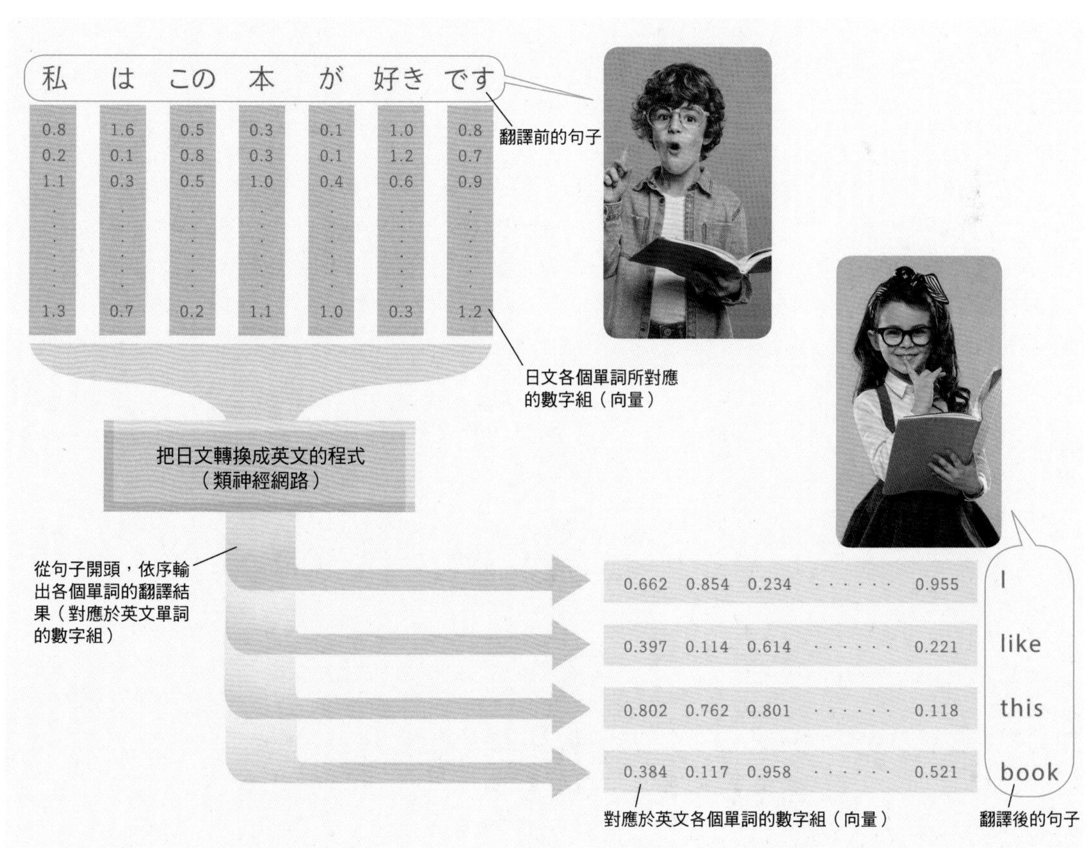

AI無法領會文章及會話的「寓意」

深度學習使得自動翻譯的品質大幅地提升了。

我們在翻譯時，不是只像「我→I」這樣，把單詞從中文轉換成英文而已，還會依照在學校等處所學到的單詞和文法，重新排列語句的順序。但是，利用深度學習的自動翻譯並不一定會根據文法的知識翻譯。

AI並非依據辭典及文法的知識，而是依據人類所做的對譯資料，來學習譯詞的選擇方式及正確的語順。也就是說，AI是從大量的對譯資料，學習「依照這樣的排列順序所排出來的中文單詞列，大多翻譯成這樣的英文單詞列」的規則性，再運用它來執行翻譯，就可以譯出接近人類翻譯的自然譯文。

不過，雖然翻譯的品質提升了，但AI的翻譯還不能算是「完美」。為什麼呢？因為它只是「單詞的排列方式」很自然而已，並不是電腦真正理解句子的意義。

人類日常生活中的會話，或是撰寫的文章，前後的句子是有關聯性的，它的「文理脈絡」及「底蘊寓意」會使句子的涵意有所不同。以目前翻譯AI的技術而言，還無法做到領會這件事。而且，AI也沒有一般人所具備的「常識」。

如果讓AI學習網際網路等處的大量文章，也有可能獲得常識。只是，利用這個方法能夠獲得什麼樣的常識，以及如何將之運用於「文理脈絡」及「底蘊寓意」等等，目前都還不知道。為此，許多研究人員正積極地投入研究當中。

專欄 COLUMN　AI不具備常識

例如，我們在閱讀「把洗好的衣服晾在外頭，但是下雨了」這個句子的時候，自然而然地會聯想到「衣服會被雨淋溼」這個狀況，甚至能推測到這個句子沒有說出口的「失望」情緒。但是，目前的AI並不具備「下雨→洗好的衣服會被淋溼而無法晾乾」的常識，所以也無法推測出「失望」的情緒。

不能領會字裡行間的寓意，就很難做到完美的翻譯

把**A**和**B**兩個人的對話用AI做自動翻譯，成為右邊英文黑字的部分。考量文理脈絡而補充的部分以紅字表示。對於AI來說，要把左邊的會話翻譯成像右邊這樣的英文，是一件相當困難的作業。因為有許多語詞被省略掉了。例如，如果把**A2**的句子依字面直接翻譯，便會無法完成**B2**的英文翻譯。必須加上會話中省略的「我（I've）」和「那座公園的名字（that name）」才行。此外，如果不知道棒球是團隊性質的運動，也無法確定**B1**的「We」這個主詞。在**A3**的欄位中，並沒有明示距離哪裡「最近」，不過，因為**A**曾經詢問福和河濱公園這個場所，所以依照文理脈絡來思考，可以知道那個句子是指「距離福和河濱公園最近的車站」。

A君　**B君**

	中文	英譯
A1	你平常都在什麼地方練習棒球呢？	Where do you usually practice baseball?
B1	福和河濱公園。	We practice baseball in the Fuhe Riverside park.
A2	沒有聽說過吔！	I've never heard that name.
B2	在新北市。	It's in the New Taipei City.
A3	最近的車站在哪裡？	Where is the station closest to the park?

語音翻譯在瞬間動用三個AI

只要對「語音翻譯」這種應用軟體（APP）說出一種語言，就能自動翻譯成另一種語言。現在這種裝置不勝枚舉，所發出的內容和語音也很正確，真的是非常方便。

語音翻譯並非單純做「國語→外語」的翻譯，而是必須經過三個過程：①把語音轉換成文字，②翻譯成文字，③把文字轉換成外語的聲音。因此，語音翻譯系統不是只使用一個AI，而是總共要動用到三個AI。

右頁圖所示為使用智慧型手機語音翻譯APP進行會話的場景，且讓我們來看看這個例子。

首先，男士朝手機說了一句國語，「語音辨識AI」接著把聽到的國語轉換成文字資料。例如，在中英翻譯的情形，語音辨識AI會事先學習大量人類的發音特徵，藉此判斷聽到的語音是什麼內容。

接著，「自動翻譯AI」把文字化的句子翻譯成英文的文字。而「語音合成AI」事前學習了許多人的英語發音，此時便把文字轉換成自然的發音。這三個AI在瞬間動作，合力完成順暢的語音翻譯。

專欄
COLUMN

神經機器翻譯和規則庫翻譯

早期的自動翻譯採行「基於規則的機器翻譯」（rule-based machine translation），也稱為「規則庫翻譯」。它的特徵是對各個單詞逐一翻譯，把像「我→I」、「喝→drink」這種單詞的逐個對譯資料，輸入稱為「語料庫」（corpus）的辭典中，預先存放在系統裡。例如，想把「我每天早上喝牛乳」這個句子譯成英文的時候，便會譯成「I every morning drink milk」。然後依照英文的文法規則，重新排列成「I drink milk every morning」。

但在導入深度學習之後，自動翻譯的品質於是大幅提升。現在，許多自動翻譯是採利用深度學習的「神經機器翻譯」（neural machine translation）方法。如第82頁所介紹的例子，譯詞的選擇方法和正確的語順，不是依據辭典和文法的規則，而是依據人類所提供的對譯資料來學習，因此能譯出更為自然的句子。

也能正確翻譯語音的AI

設想以下情境：欲前往國外旅遊，想要知道有什麼推薦的特產，便使用語音翻譯APP向當地人詢問。APP能把你說的話瞬間翻譯成英語，並且說出來。

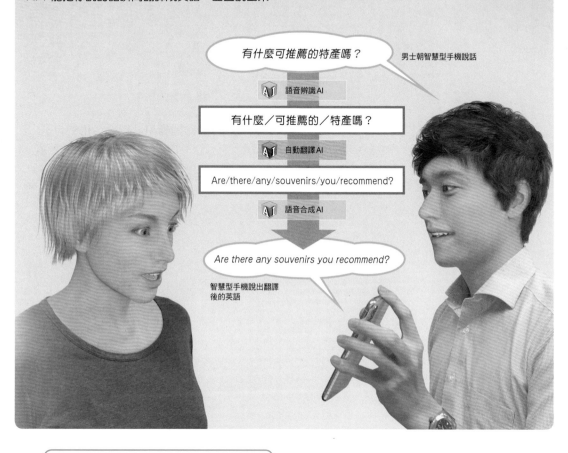

有什麼可推薦的特產嗎？

男士朝智慧型手機說話

語音辨識AI

有什麼／可推薦的／特產嗎？

自動翻譯AI

Are/there/any/souvenirs/you/recommend?

語音合成AI

Are there any souvenirs you recommend?

智慧型手機說出翻譯後的英語

各種形態的語音翻譯工具

語音翻譯APP「VoiceTra」

日本國立研究開發法人NICT（日本情報通信研究機構）提供的VoiceTra，是能夠對應31種語言的智慧型手機用語音翻譯軟體。輸入手機的語音透過網際網路送到NICT的資料中心，在該處翻譯成譯文的語音，再透過網際網路送回來，最後從手機說出來。

語音翻譯裝置「POCKETALK®S」

POCKETALK株式會社開發的POCKETALK，能夠翻譯70種語言的語音和文字，以及12種語言的文字（到2022年7月為止）。POCKETALK在中文、泰文等部分語言中，使用了NICT開發的自動翻譯AI，可藉由「翻譯銀行」提升準確度。

可與人對話的AI

現在有許多人利用智慧型手機或筆記型電腦的語音助理AI，對著它說話，指示它執行檢索資料等動作。

此外，自從美國網路購物公司亞馬遜（Amazon）在2014年發表「Amazon Echo」之後，多款「智慧型音箱」（AI音箱）紛紛上市銷售。

智慧型音箱只靠語音的指示，就能和智慧型手機一樣播放音樂、進行檢索、操作對應家電的多功能音箱。在未來的生活中，我們和AI對談的機會，不管是在家裡或出門在外，都會越來越多。

若要讓AI能夠和人對話，必須讓AI能夠聽取人的語音，判定語句的涵義。這種技術稱為「語音辨識」（speech recognition）。

這項「語音辨識」的技術也運用在語音翻譯上，但它是如何運作呢？將在次頁說明它的機制。

只要對它說話就能操作家電的「智慧型音箱」

基本上只需要語音，就可以操作智慧型音箱。而智慧型音箱所給予的回覆，基本上也是利用語音。還有，智慧型音箱必須連上網際網路，才能進行語音辨識及各種資訊的檢索。

AI打電話給美容院完成預約

美國IT企業谷歌（Google）公司於2018年發表了一款語音助理APP「Google Duplex」，能夠代替人們打電話給餐廳和美容院進行預約。於發表當時公開了AI實際打電話給美容院，和店員交談、完成預約的語音紀錄。AI原本希望預約的日期剛好沒有空檔，但透過和店員對談，順利預約另外的時間。對話的內容當然沒有不自然的感覺，發音和對話的節奏也非常順暢，店員似乎沒有發覺到電話的另一頭是AI。雖然在實際運用上，電話客服中心的人員會在必要時提供適當的支援，但這已充分顯示出AI來到能與人類自然交談的階段。目前這款APP還僅限於美國地區使用。

多雲後將會放晴
最高氣溫是？
預測最高氣溫為25℃
你好！我想預約
您希望什麼時候？
星期天晚上7點有位子嗎？
是的！有位子，請問有幾位？
有3個大人

SECTION 36

Speech recognition

語音辨識

AI即使沒有聽清楚，也能依據語意推測語音

語音辨識的第一步是使用麥克風聽取說話者的語音，理解對方在說什麼，例如確定聽到的語音是「啊」或「呀」，儘管語音的音調有高有低，音量有大有小，但是當我們聽到人家說「阿」的時候，仍可聽懂那是「啊」。那是因為，雖然音質各有不同，但「啊」具有共通的語音特徵，我們的腦會加以辨識。AI則是利用深度學習來學習語音的

AI聽取語音的機制

圖示為利用語音辨識AI把麥克風收到的聲音轉換成話語的流程。把語音依照頻率高低等要素進行分解（1），再利用類神經網路確定語音（2）。把聽取的結果依據文法和辭典的資料進行檢證，採用以話語來說或許最正確的詞句，作為最終的聽取結果（3）。

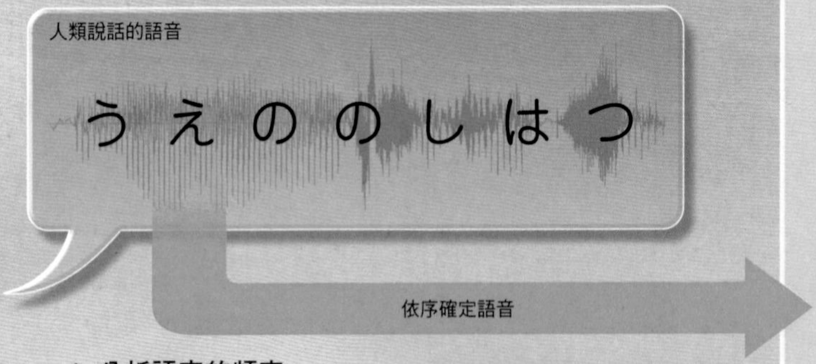

1. 分析語音的頻率

使用麥克風收取人類說話的語音，為了更容易確定語音，會分析頻率多高的音占有多少比例。也會在這個階段抑制雜音。

2. 確定語音

根據事前的學習結果，判定是哪個音的機率比較高。如果是「え」和「へ」中間的音，就會輸出「え：50%，へ：50%」的結果。右圖畫成以50音（あいうえお……）輸出，實際上是分為母音（a/i/u/e/o）和子音（k/s/t/n/……）來做判定。

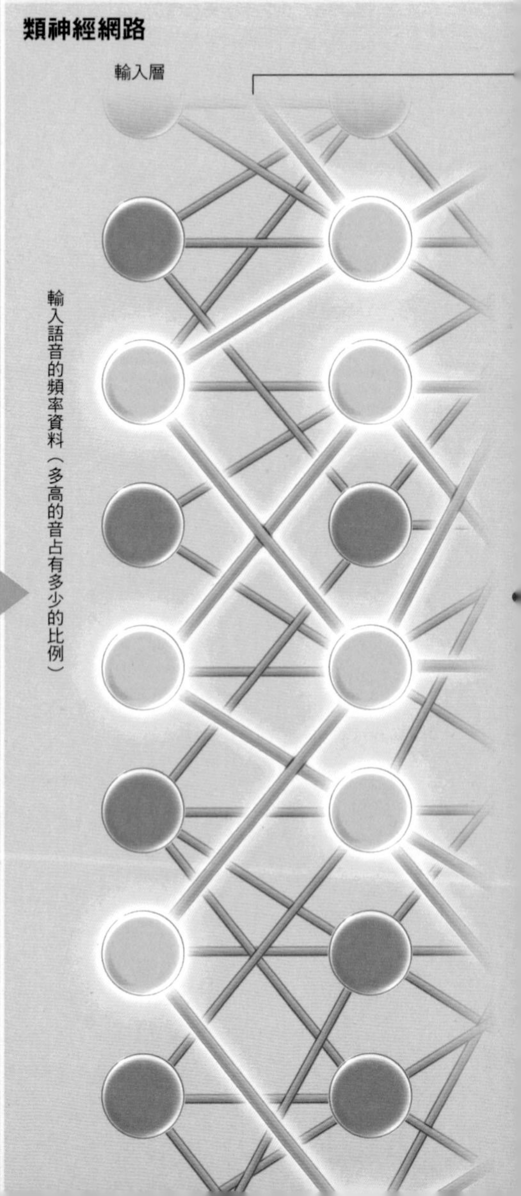

特徵。

首先，輸入各人種所發出的「啊」和「呀」等語音。這麼一來，AI就會自行建立一套判斷基準，用來分辨各個語音。一旦基準建立之後，AI一聽到「啊」的語音時，就能判定它是「啊」。

但若發音的人講話含糊不清，或周遭有雜音等因素，往往容易導致AI誤判。因此，語音辨識對於聽取的結果，會輸出好幾個「暫且認定聽起來是這樣」的候選語句。

然後，參照文法和辭典的資訊，給各個候選語句評分。例如聽取的結果好像是「後吃的飯」，也好像是「好吃的飯」。由於後者的「好吃」這個詞語在字典裡可以查到，意思也通，所以可以得到比較高的分數。

最後，會採用分數最高，亦即似乎最正確的候選語句。AI和我們一樣，對於交談過程中沒有聽清楚或漏掉的語音，會根據文法和語彙的知識加以修正。

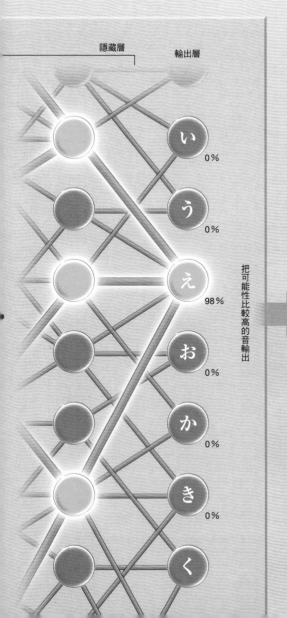

3. 檢證聽取結果在話語上的正確性

檢證聽取結果的候選語句當中，就日語來說哪一個可能最正確。藉由和辭典進行比對，把字母的排列分割成單詞，最後轉換成漢字，組成日語的句子。即使聽取語音時有所閃失，也會在這個階段加以修正。

智慧型手機應對呼叫的機制

在跟語音助理進行對話時，由於最終想要使用某種特定功能這個「目標」是既定的，所以一般來說，對話的情境也是預先設計到某個程度。例如，在「設定鬧鐘」→「好的，要設定幾點？」的情形，就會依照預設的對話情境，逐步達成使用者的期望。

語音助理為了理解使用者的期望，必須透過會話讀取下列三項重點：「要使用什麼功能？」「想用那種功能做什麼事情？」「其具體內容是什麼？」例如，對語音助理說「明天早上7點要起床」，則語音助理必須像右頁圖所示，讀取「使用時鐘的功能」、「設定鬧鐘」、「將鬧鈴時刻設定在上午7點」。

雖然「明天早上7點要起床」其實是一項不太明確的指示，但智慧型手機仍然會幫我們設定好鬧鐘。在讀取使用者的意圖時，也會運用類神經網路來進行學習，以設定鬧鐘這個情境來說，就是讓類神經網路學習大量的例句、意圖（應該使用何種功能）和指示內容（例如鬧鈴的設定時刻）。因此，即使接收到有點含糊不清的指示，也能判斷使用者的意圖，對使用者的期望做出正確的對應。

使用者的要求

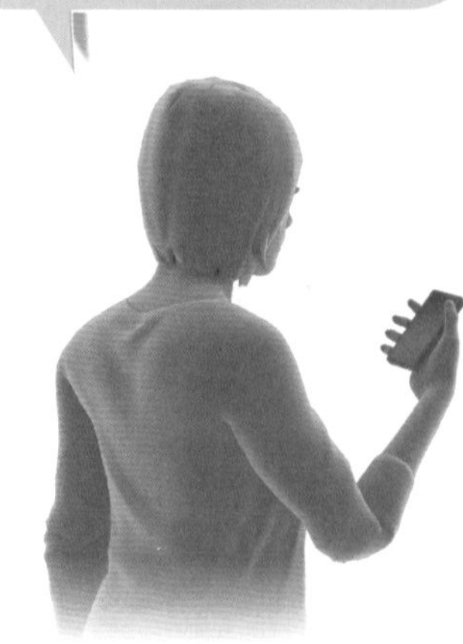

專欄 COLUMN 以數字組表示單詞

把語句利用語音辨識轉換成文字時，首先把各個單詞以「數字組（向量）」的形式來表示。類神經網路對構成語句的單詞「數字組」進行計算，製造出表示片語或句子意義的「數字組」。也就是說，必須是表示句子意義的數字組，才是符合使用者意圖的數字組。

表示單詞的數字組

明天：	0.2	0.7	1.3	0.6	0.5	0.5	……	1.1
的：	0.8	0.5	0.1	0.3	1.2	0.9	……	0.1
7：	1.1	1.2	0.7	0.4	0.3	0.6	……	0.2
時：	0.9	0.8	1.1	0.7	0.1	0.1	……	0.7
在：	0.5	0.1	0.2	0.4	0.5	1.3	……	0.6

讀取使用者的三項意圖

智慧型手機等裝置所配備的語音助理，會從使用者說話的內容解讀如圖所示的三項意圖。蘋果公司的「Siri」和谷歌公司的「Google Assistant」等語音助理基本上並不是以聊天為目的，而是以進行特定的工作（任務）為目的，因此稱為「任務導向型」。

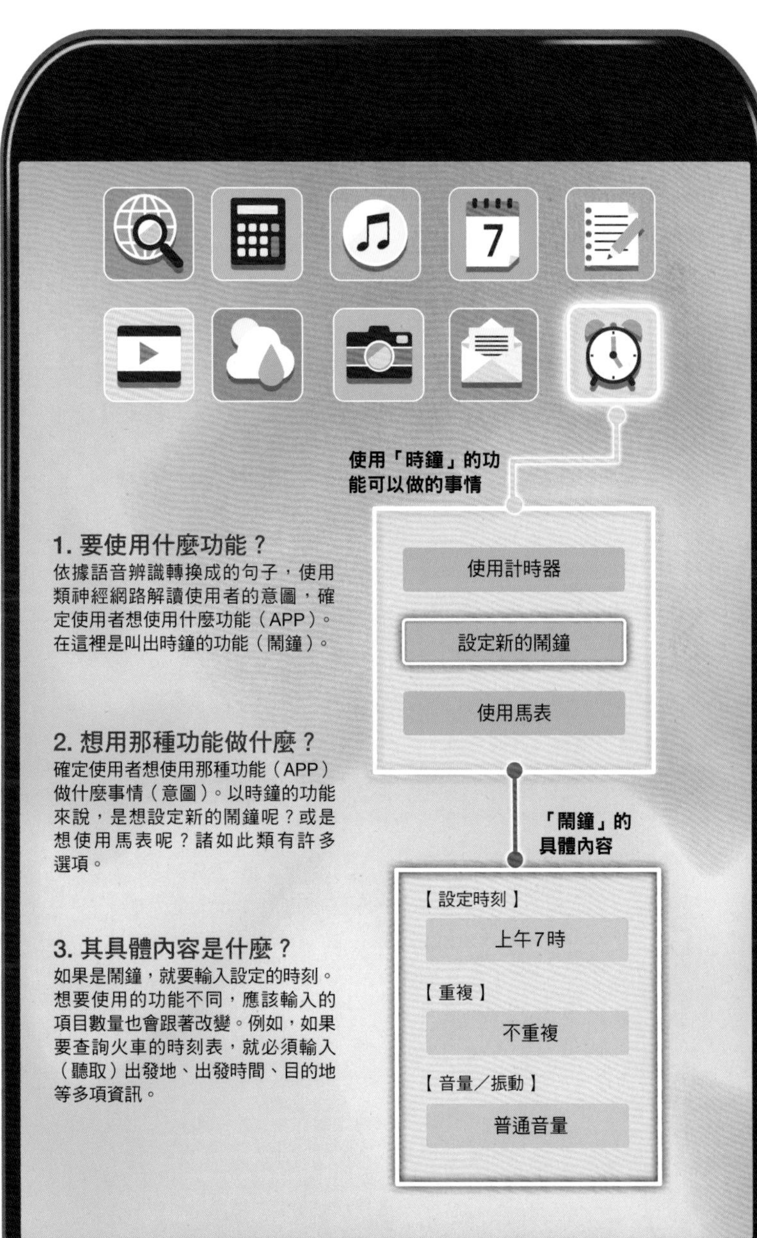

使用「時鐘」的功能可以做的事情
1. 要使用什麼功能？
依據語音辨識轉換成的句子，使用類神經網路解讀使用者的意圖，確定使用者想使用什麼功能（APP）。在這裡是叫出時鐘的功能（鬧鐘）。
使用計時器
設定新的鬧鐘
使用馬表
2. 想用那種功能做什麼？
確定使用者想使用那種功能（APP）做什麼事情（意圖）。以時鐘的功能來說，是想設定新的鬧鐘呢？或是想使用馬表呢？諸如此類有許多選項。
「鬧鐘」的具體內容
【設定時刻】
上午7時
【重複】
不重複
【音量／振動】
普通音量
3. 其具體內容是什麼？
如果是鬧鐘，就要輸入設定的時刻。想要使用的功能不同，應該輸入的項目數量也會跟著改變。例如，如果要查詢火車的時刻表，就必須輸入（聽取）出發地、出發時間、目的地等多項資訊。
智慧型手機的應答
將鬧鐘設定在早上7點

會聊天的AI

包括智慧型手機等裝置的語音助理在內，能夠像人與人對話一般地自動進行對談的系統，稱之為「聊天機器人」（chatbot）。

聊天機器人有兩種主要的模式，一種是預先設想人們的對話內容，設計出規則和情境，然後依循這些規則和情境進行對話；另一種則是讓AI學習大量的對話資料，沒有預先準備情境，使AI於現場做出回應。

微軟公司（Microsoft）推出的「凜菜」（Rinna）就是後面這種模式的AI。凜菜在2015年出現時，將角色設定為一名日本高中女生，因而備受注目*。

凜菜以「能和使用者做長時間對話」為目的，不斷地提升版本，到了第三代，藉由「知識圖譜」（knowledge graph）和「同理心模型」（empathy model），使對話能持續得更久。2020年7月發表第四代。

第四代凜菜採用了更新的技術，使用遠多於上一代的大量資料進行學習，因此，能做到比上一代「內容更深入的應答」。

它所採用的「知識探索模型」（knowledge discovery model）運用了BERT這項技術（詳見第94頁），使它能從資料庫的長文中檢索出最適合回答的內容，再依據所發現的資訊產生自然的對話句子。此外，第四代也擴展了它的表現能力，使它能夠具有多樣的性格（角色性）。

※：凜菜在2015年出現，2019年高中畢業。現在是一名涉足多項領域且才華洋溢的創作者，具有歌手、畫家等多重身分。

從「檢索型」進化到「產生型」

2015年誕生的凜菜稱為第一代，2020年的凜菜為第四代。凜菜接受詢問時，並不是依靠檢索來篩選出回答，而是自行產生句子。

第一代（2015～2016年）　檢索語詞應答

運用傳統檢索引擎的機制，從龐大的資料庫中檢索適當的句子來應答。把單詞轉換成數字組時，納入平易近人的語彙、（^_^）之類的顏文字等等，模仿高中女生的說話方式。

第二代（2016～2017年）　即時產生句子

沒有應答句子的資料庫，能即時產生多樣性的句子。

第三代（2018年）　藉由附和、提問等，使對話能夠持續長久

藉由知識圖譜而擁有單詞之間具關聯性的相關資料，並且利用「同理心模型」幫腔附和、提出新話題等等，使會話可以持續更久。

第四代（2020年～）　能夠做更高階的對話

第四代凜菜的對話在「內容」和「表現力」這2條主軸上都有長足的進步。「知識探索模型」具有遠比知識圖譜更龐大的資訊量，而且很容易追加資訊。只需少量的學習資料，即可使它具有多樣的角色性，做出符合個性的表現（詳見第94頁）。

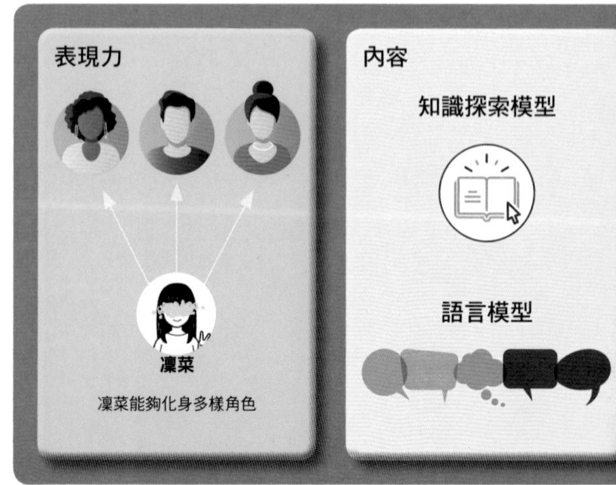

凜菜能夠化身多樣角色

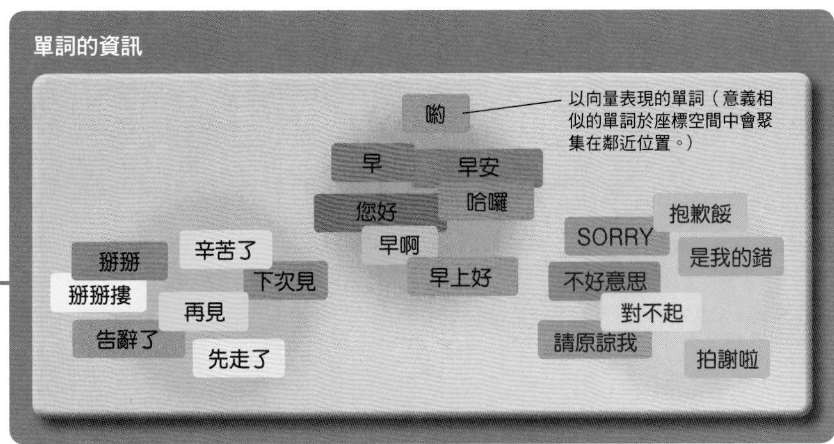
單詞的資訊
喲
以向量表現的單詞（意義相似的單詞於座標空間中會聚集在鄰近位置。）
早
早安
哈囉
您好
早啊
早上好
掰掰
辛苦了
下次見
掰掰摟
再見
告辭了
先走了
抱歉餒
SORRY
是我的錯
不好意思
對不起
請原諒我
拍謝啦

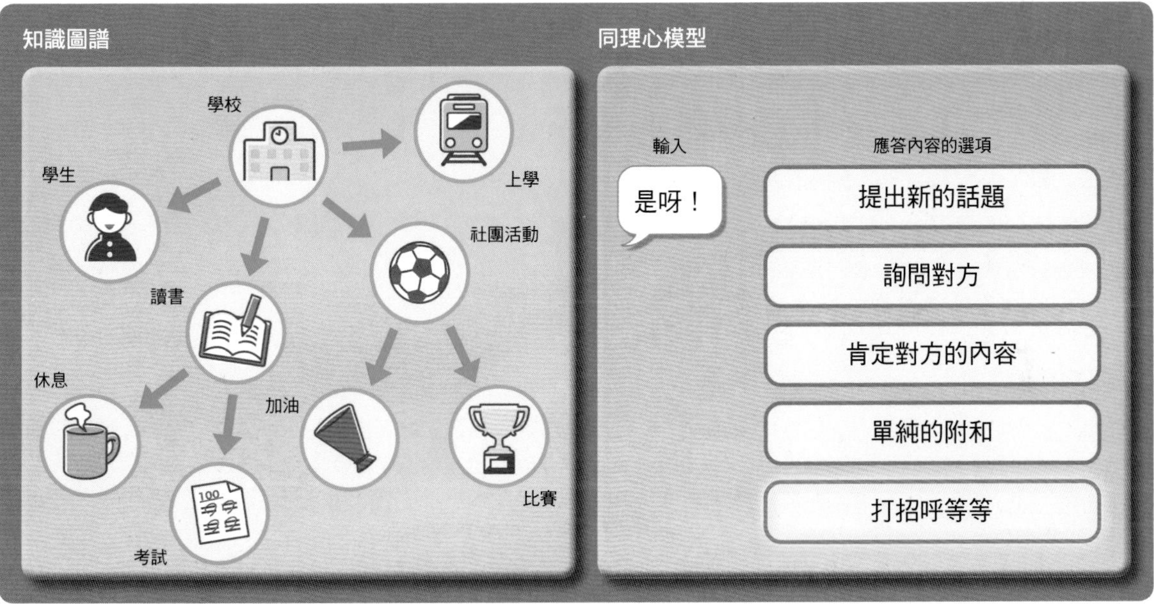
知識圖譜
學校
上學
學生
社團活動
讀書
休息
加油
比賽
考試
同理心模型
輸入
是呀！
應答內容的選項
提出新的話題
詢問對方
肯定對方的內容
單純的附和
打招呼等等

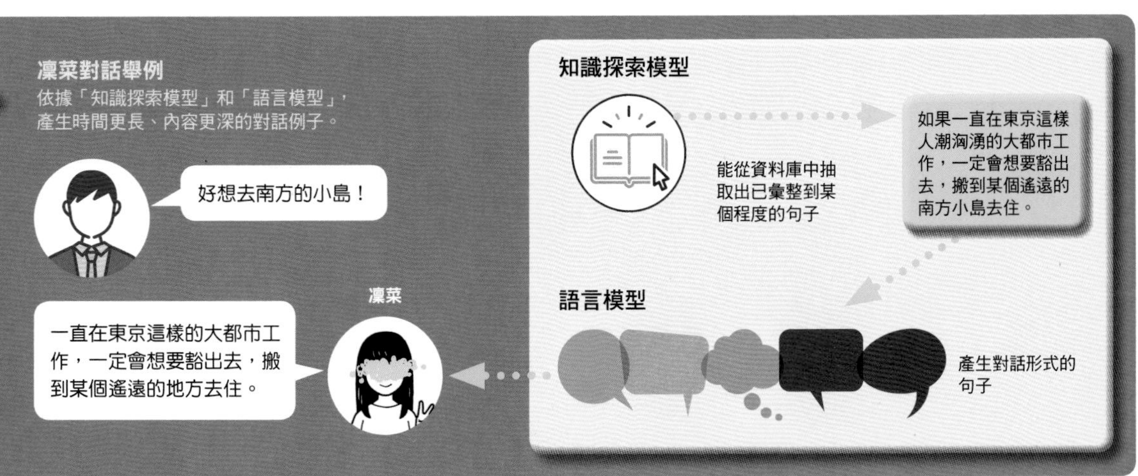
凜菜對話舉例
依據「知識探索模型」和「語言模型」，產生時間更長、內容更深的對話例子。
好想去南方的小島！
凜菜
一直在東京這樣的大都市工作，一定會想要豁出去，搬到某個遙遠的地方去住。
知識探索模型
能從資料庫中抽取出已彙整到某個程度的句子
如果一直在東京這樣人潮洶湧的大都市工作，一定會想要豁出去，搬到某個遙遠的南方小島去住。
語言模型
產生對話形式的句子

使用更少量的資料產生更多彩多姿的角色性格

凜菜剛出道時，角色身分是一名高中女生，但現在已經能表現出管家、小學生、帥哥等豐富多樣的角色性格。

若要使AI學習具有角色性格的對話，以往必須提供大量的學習資料（對話案例）作為教材。但是，凜菜僅僅使用數千個對話案例，就能完成角色性格的學習，對於沒有學習過的發言，也能推敲並產生具有角色性格的回應。這是因為凜菜預先學習了龐大而通用的資料，就像人類具有「一般常識」，凜菜採用一種學習模型，能夠學習大量的資料，據此擁有對AI而言的「一般常識」。這種模型稱為「預訓練模型」（pre-trained model）。

現在AI的主流就是像這樣，首先學習大量的資料，然後在這個基礎上，追加其他少量的學習資料賦予其他傾向（bias），藉此導出期望的結果。在角色表現這方面，凜菜採用預訓練模型，使用具有角色性格的對話資料進行學習，藉此獲得諸多傾向，而能做出符合各類角色性格的對話。由於電腦的資訊處理能力大幅提升，才讓使用大量資料的機器學習得以實現。

凜菜是使用Open AI 這個研究組織於2019年8月公開的「GPT-2」這項技術，來表現對話風格。

支援第四代凜菜的兩項技術

凜菜能夠獲得飛躍式的進化，乃是得助於Open AI公開的「GPT-2」（generative pre-trained 2）和Google的「BERT」（Bidirectional Encoder Representations from Transformers）這兩項技術。

自然語言處理模型「BERT」

BERT是一種自然語言處理模型。語言處理也和影像辨識一樣，加上各自的「標籤」後進行學習（監督式學習）。加上標籤的作業非常耗費人力與時間，但BERT能夠處理沒有加上標籤的資料組，所以很容易就能學習沒有標籤的大量資料。

角色表現所採用的「GPT-2」

GPT-2是一種產生高階句子的語言模型，具有15億個參數，使用內含多達800萬個網站網頁的資料組進行學習。2020年6月，GPT-3（β版）公開亮相，創作出宛如人類撰寫的小說，引起很大的關注。

「凜菜」能夠扮演各種角色

現在對聊天機器人的需求越來越高了，例如扮演企業溝通角色的聊天機器人，不只要做單純的對話，還要能夠「以具有角色性格的形式傳達資訊」。第四代凜菜採用預先學習非常大量資料的模型，所以只需要追加遠比以往更少量的學習資料，就能表現出不同的角色性格。

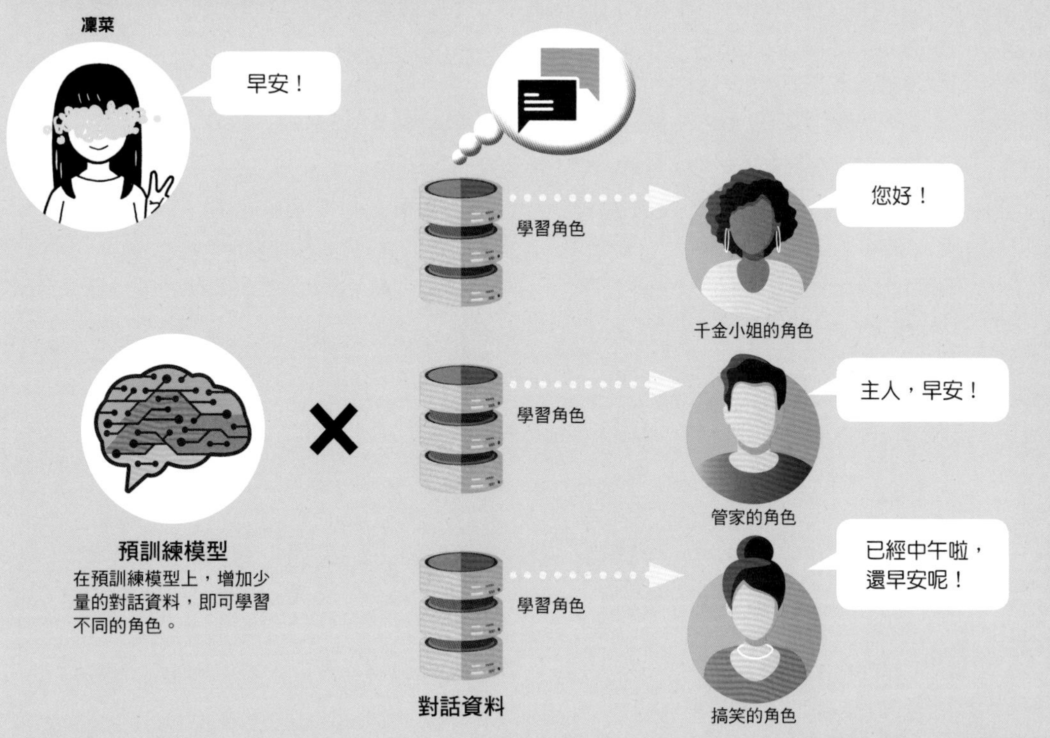
凜菜
早安！
學習角色
您好！
千金小姐的角色
學習角色
主人，早安！
管家的角色
預訓練模型
在預訓練模型上，增加少量的對話資料，即可學習不同的角色。
學習角色
已經中午啦，還早安呢！
對話資料
搞笑的角色

專欄 COLUMN 人工智慧的研究組織「Open AI」

Open AI是Meta公司等美國大型企業和特斯拉執行長馬斯克（Elon Musk，1971～）等投資家合作，於2015年設立研究人工智慧的非營利組織。主要目的是推動人工智慧的公開原始碼（免費公開軟體的原始碼，讓任何人都能安裝使用）。2016年公開了能教導電腦做遊戲及課題等訓練的平台「Open AI Gym」。2019年2月發表GPT-2。

若要使AI能像人們一樣地進行對話，需要什麼條件？

若要使AI能像人們一樣進行對話，首先必須提高語音辨識的能力。如果在跟AI說話時，AI一直說「聽不懂」，便無法順暢地進行對話。

提高語音辨識準確度的方法之一，是把環境中的雜音也納入語音辨識AI的學習內容。例如汽車導航所使用的語音辨識，就把引擎聲、空調聲等車內會聽到的各種雜音，也讓AI聽取以進行學習。藉此，可望提高在車廂內說話時的語音辨識準確度。不過，如果使

這裡舉出一些人們日常會話中，沒有特別意識到卻能理解或學會的事物，而AI卻不容易應對的項目。尤其是「常識」之類無法明確定義的事物，AI很不容易學會。

分析句子的結構並理解意涵

例如分析「小明從小花那裡收到巧克力」和「小花給小明巧克力」這樣的句子結構，並理解這兩句所表達的情況是一樣的。

消除曖昧性

能依照狀況理解句子的涵義，例如「不好意思」這句話，到底是「我做錯了，請原諒我」，用於表達歉意，還是「不好意思，借過一下」，用於輕微徵求許可或招呼之意呢？

具有常識性的知識

A先生：連假有去哪裡玩嗎？
B先生：我感冒了，都在家裡休息。

藉由上述的對話，了解B先生在連假期間都沒有去任何觀光景點（無法前往）。如果不具備得了感冒（生病）所以無法外出這個理所當然的認知，就無法理解這件事所造成的影響。

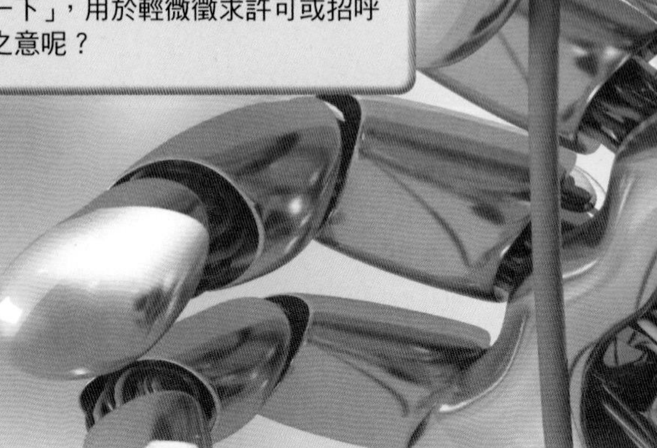

用該語音辨識的環境有所改變，這個方法就沒有效果了。目前還沒有找到有效的方法，能夠在任何環境中都只抑制雜音。

此外，若要使AI以不遜於人類的層次進行對話，則必須具備「常識性知識」和「理解狀況」的機能。

例如，「在深夜打電話並不妥當」這件事對人們來說是常識，但在幾點鐘之前是可以打電話的呢？若在突然有人生病之類的緊急狀態下，即使深夜也可以打電話。諸如此類，應對會依狀況不同而有所調整。

科學家也在進行一項研究，讓AI自動學習網際網路上的資料，以便獲得常識。但由於網際網路上有些常識過於簡化等因素，要讓AI自動學習並不容易。

近年來，語音助理及聊天機器人等能做對話的AI，正以驚人的速度迅猛進化，相關產品及服務大量滲透到人們的生活中。也就是說， 透過這樣的機會，AI已經漸漸能夠碰觸到人類社會的種種狀況了。由於學習的機會增加，預料今後AI應該也將會不斷地演進。

應對流行語

學習並了解「打卡」、「DISS」等新流行的俗俚語。

理解談話對象的意圖

聽到「有沒有帶筆？」這句話時，理解對方並不是單純地詢問有沒有帶筆，而是「請借我筆」的意思。

理解說法不同但意涵相同的句子

從「愛因斯坦於1905年發表狹義相對論，於1915～1916年發表廣義相對論」這句話，理解「愛因斯坦創立相對論」這件事。

理解話語省略的句子

A：（我）想去台北車站（但不知道怎麼走，請告訴我）。
B：（你）沿著這條路（＝忠孝西路）走下去，在（你的）左手邊就可以看到（台北車站）了。
A：（從這裡走到台北車站）要花多少時間？

從上方的對話中，填補被省略掉的語句（括號內的語句）而理解其意。

/Autonomous
/Sensing
/Communication
/Battery
/Mirrorless
/Ecology

5
AI與自動駕駛

AI for autonomous driving

AI擔任自動駕駛汽車的「眼睛」發揮威力

一般來說，汽車的駕駛行為是「認知」、「判斷」、「操作」等反覆進行的結果。駕駛人「認知」到燈號的顏色及行人等，「判斷」應該提高或降低汽車的速度、向左或向右轉彎等，然後根據這個判斷，實際「操作」方向盤、油門、煞車。如果不是由人，而是由汽車上裝配的電腦來自動執行這些作業，就稱為「自動駕駛」（automatic driving）。採取自動駕駛方式的汽車稱為「自動駕駛汽車」，或簡稱「自駕車」。

右圖所示為駕駛人及自動駕駛汽車在駕駛中應該認知的代表性事物，包括行人及交通號誌、交通標誌、馬路上畫的白線（車道分隔線）等等，必須認知的事物可謂五花八門。

自動駕駛汽車使用採行深度學習的影像辨識AI，作為執行這個認知的「眼睛」。影像辨識AI發揮強大的威力，從攝影機拍攝的影像中，以高精確度分辨行人及燈號顏色等等。而在加減速及方向盤操作這方面，則使用人類預先設定「在某些狀況下，與前方車輛的距離保持5公尺」等規則的AI。

電腦無法像人一樣「看見」

對電腦來說，左下方照片中的影像只是黑點、白點、灰點的集合而已。例如，前方汽車輪胎的黑色為「物體」，遠處隧道的黑色為「空間」，但電腦並無法判別這兩者的差異。因此，就像人類的眼睛一樣，自動駕駛汽車上配備了兩部立體攝影機。其所拍攝的影像只有些微差異，藉由比對這個差異，辨識出影像中各個部分距離汽車有多遠。再把這個比對結果用顏色的差異表示出來，即成為右下方的影像。前方汽車等立體物的部分，影像上下方向的顏色沒有變化，電腦即把這部分判定為「立體物」。

數位攝影機拍攝的影像

依據立體攝影機影像製成的影像

自動駕駛汽車應該辨識的事物

自動駕駛汽車配備各種感測器，用於收集圖中所繪的行人、交通標誌等等資訊。具體而言，這些感測器利用的就是可見光及紅外線的攝影機、電波的雷達、超聲波的聲納等等。也有許多自動駕駛汽車配備「LiDAR」(light detection and ranging，光學雷達)，利用紅外線掃描周圍，藉此測量周圍物體與自己的距離及該物體的形狀。此外，在進行自動駕駛操作時，也必須配備接收人造衛星發出的電波以便確定本車所在位置的「GPS」(global positioning system，全球定位系統)、前往目的地的地圖及路線的資訊等等。

交通號誌及汽車互相收發資訊的「協調型」自動駕駛

自動駕駛汽車辨識周遭環境的方法，可大致分為兩種類型。第一種是前面單元所介紹的「自律型」，憑藉攝影機等配備，由自動駕駛汽車本身執行辨識。

第二種是「基礎建設協調型」，或簡稱「協調型」，與周圍車輛、燈號及行人進行「無線通訊」，藉以辨識彼此的位置及速度。包括車輛之間進行通訊的「車車間通訊」、行人與車輛之間進行通訊的「人車間通訊」，以及燈號等道路設施與車輛之間進行通訊的「路車間通訊」等多項技術。此外也有在車道中央配置「磁標」、在車上配備「磁感測器」，藉以計算車輛位置，以便操控方向盤的方法。

自律型的技術容易受到環境條件左右，而協調型的技術正好能夠彌補這個缺點。例如，自律型技術利用光或電波探測物體時，不容易辨識位於死角的車輛和行人，所以必須仰賴協調型技術。

話雖如此，協調型也有課題必須解決。例如，要把通訊機能導入所有的車輛和道路，勢必花費龐大的時間和費用，並不切實際。因此也有人提案，可以先使行駛固定路線的公車、路面電車等公共交通工具，以及容易發生事故的交叉路口、學校區段等部分道路，具備通訊機能。

若想自動駕駛的社會理想成為真實，則開發出組合自律型和協調型兩項技術的自動駕駛汽車，是十分重要的一步。

學校區段的路車間通訊

學校區段的道路設置了通訊機能，如果有具備通訊機能的自駕車駛入，便會指示車行速度不可超過最高速限的時速30公里。這種在道路與自駕車之間進行資訊通訊的技術稱為「路車間通訊」。把高速公路通行費的支付作業自動化的系統「ETC」，就是路車間通訊已經開始實際運用的例子。

協調型技術普及化的街道示意圖

「協調型」是與周圍車輛、燈號、行人之間進行「無線通訊」，藉此辨識彼此位置及速度的技術。圖示為在容易發生事故的交叉路口、學校區段導入協調型技術示意圖。

專欄 COLUMN 從車輛這種「感測器」收集大數據

具備協調型技術的自駕車普及之後，自動駕駛將不只是認知周圍的狀況而已，還能夠收發事故資訊、堵塞狀況、天氣等道路上的一切資訊。藉由無數輛自駕車的通訊系統，便能持續且即時地累積所有道路資訊，集結成大數據。

國小

燈號

行人

公車

位於死角的機車

交叉路口

在交通繁忙的交叉路口，自駕車的攝影機和感測器有時候並不太容易辨識車輛和行人。不過，自駕車藉著和其他車輛、行人與燈號進行通訊，甚至連位於死角的機車等也能掌握。圖中這個交叉路口，有具備通訊機能的燈號監視著路口，並把位於死角的車輛及行人的訊息，向周邊的車輛發出警告。

自動駕駛分為6個等級

自動駕駛從第0級到第5級共分6個等級。等級越高，表示自動化的程度越高。到了最高的第5級，一切駕駛操作都交由汽車自動執行。在第2級以下，基本上還是由人進行駕駛。在第3級，如果符合高速公路等的「特定條件」，可由汽車自動駕駛。在這段汽車行駛的期間，駕駛人可以操作智慧型手機，或持續觀看汽車導航系統的畫面。不過，遇到緊急狀況時，仍然必須由駕駛人接手操作，所以駕駛人一定要坐在駕駛座上。

德國車廠奧迪（Audi）於2017年發表了全球第一輛符合第3級自動駕駛汽車「Audi A8」。A8配備有稱為「Audi Ai 堵車自動駕駛系統」（Audi Ai traffic jam pilot）的自動駕駛功能。誠如系統名稱所示，當汽車在高速公路等處遇到行駛速度降至時速60公里以下的狀況，也就是當高速公路堵車的時候，汽車便會自動接手駕駛。

第3級的自動駕駛功能是否可以在公共道路上使用，依照各國的法規而有所不同。日本在2019年修訂道路交通法和道路運送車輛法，自2020年4月起，允許第3級自動駕駛汽車行駛。不過，目前僅限於某些特定狀況，例如當高速公路堵車時，汽車以時速60公里以下的速度在同一車道內行駛的情況。台灣目前還未開放到第3級。

第4級和第3級一樣，也是限定在「某個條件下」的自動駕駛，不過，即使遇到緊急狀況，駕駛人也不必接手駕駛。也就是說，緊急時的停車也是由系統執行，駕駛人沒有坐在駕駛座上也可以。目前，世界各地都是在遠距監視及搖控操作的前提下，進行第4級的行駛測試。

專欄 COLUMN 身處「自動駕駛模式」時，看書也沒有問題

採用日本國內已經解禁的第3級自動駕駛，如果遇到高速公路堵車，汽車以時速60公里以下的速度在同一車道內行駛時，汽車便會切換成自動駕駛。這個時候，駕駛人可以看書、滑手機，不過在緊急時必須立刻握住方向盤，接手駕駛。

自動化等級	概要	誰在駕駛	駕駛人的必要性
第0級 （沒有自動化）	在所有環境中，都由人駕駛。	人	必需
第1級 （輔助駕駛）	基本上由人駕駛。不過，在特定條件下，方向盤的操作或加減速的某一項由汽車進行。	人（輔助方向盤的操作等）	必需
第2級 （部分自動化）	基本上由人駕駛。不過，在特定條件下，方向盤的操作與加減速的某一項或兩項由汽車進行。	人（輔助方向盤的操作與加減速）	必需
第3級 （有條件自動化）	在高速公路等限定的環境中，由汽車自動駕駛。不過，人在汽車提出需求時，必須立刻接手駕駛。	人／車	必需
第4級 （高度自動化）	在高速公路等限定的環境中，由汽車自動駕駛。即使遇到無法自動駕駛的狀況，人也不須接手駕駛（無法接手時，汽車會自動地安全停止等等）。	車	非必需
第5級 （完全自動化）	在所有環境中，都由汽車自動駕駛。	車	不需要

自動駕駛的分級

上表為美國非營利組織「美國汽車工程師協會」（Society of Automotive Engineers，SAE）於2016年制訂的自動駕駛分級制度。在第2級以下，基本上是以人作為汽車駕駛的主體。市面上的部分汽車已經配備了緊急自動煞車功能、與前方車輛保持距離而自動跟車的自動巡航系統（adaptive cruise control，ACC），相當於第1級和第2級。

輔助自動駕駛的2種AI

自動駕駛汽車使用攝影機及各種感測器以獲取周圍的資訊，再把這一些資訊與預先儲存的地圖資料等疊合，藉此進行自律性的駕駛。把從各種感測器獲得的資料統合起來，從其中篩選駕駛所需的資訊，是一項非常困難的課題，這項重責大任就得由AI來一肩承擔。因此，為使自動駕駛更加進化，提升AI辨識周圍物體的準確度是不可或缺的要件。

那麼，實際上如何運用AI呢？在此用自動駕駛汽車的基本軟體「Autoware」為例，來加以說明。

這種自動駕駛汽車軟體使用了2種AI：「舊AI」和「新AI」。後者是指採用深度學習的方式自行學習，用於辨識周圍行駛車輛等物體的「環境辨識」。

另一方面，前者是指由人設定規則的古典式AI。這種「舊AI」乃運用於加減速及操作方向盤等作業。

「新AI」在從拍攝的影像中分辨車輛及燈號顏色等「分類問題」上發揮了強大的威力。但在分類問題以外的領域，例如在加減速及方向盤操作上仍然有安全疑慮，所以「新AI」的研究仍處於發展中的階段。因此，這個部分是使用由人設定「與前車保持5公尺的距離」之類規則的「舊AI」。

「Autoware」在行車測試的時候，會記錄周圍的環境，再把收集到的資料提供給AI學習，以求提高在現場認識行人的準確度等。但是，並非使用車上的電腦，而是使用研究室的高性能電腦進行學習，再把學習的結果回饋給車載電腦（裝配在汽車上的電腦）。

專欄 COLUMN

任何人都能免費使用的自動駕駛系統專用軟體「Autoware」

「Autoware」是日本東京大學加藤真平副教授等人開發的自動駕駛系統專用軟體。配備這套軟體的自動駕駛汽車，已經在日本的市區街道及高速公路等處進行行駛測試。右邊相片所示為自動駕駛汽車的內部，監控者坐在副駕駛座及後座。自動駕駛汽車的行駛演示影片可以上網（https://youtu.be/1xKm5dbxMB8）查看。

※ https://github.com/autowarefoundation/autoware

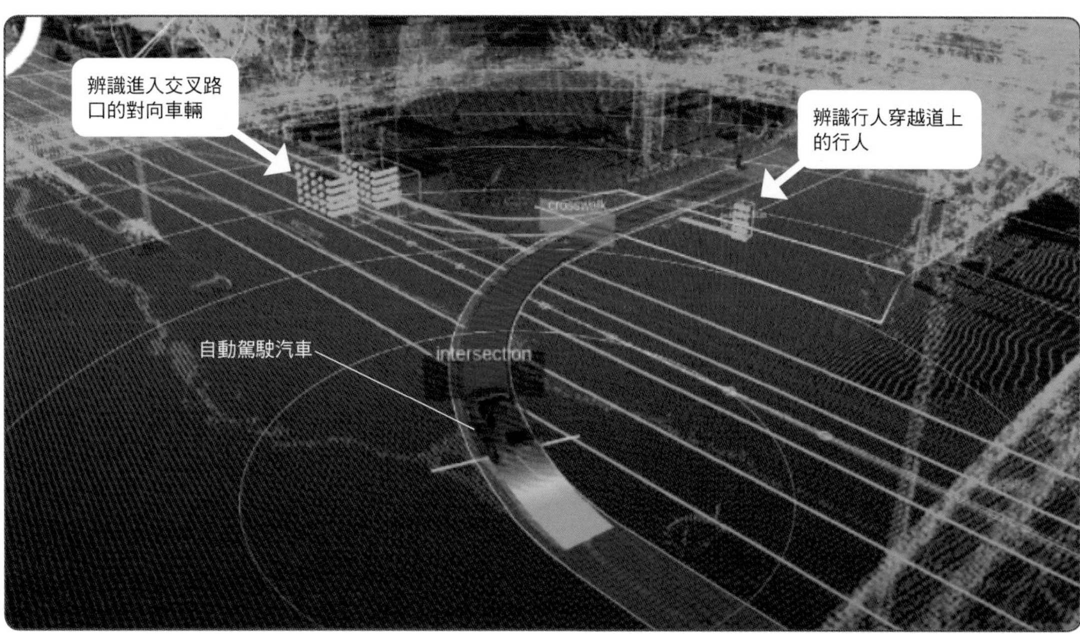

自動駕駛汽車看到的世界

上圖所示為自動駕駛汽車在行駛中即時辨識周圍環境，立刻規畫接下來行駛路線的畫面。右邊相片所示為配備「Autoware」的自動駕駛汽車外觀。試驗行駛的結果，雖然每個人的感受有所差異，但已可達到「如果是閉眼乘坐，不會察覺是人在駕駛或自動駕駛」的順暢程度。

依據記錄的資料反覆學習，以求提高精確度

依據自動駕駛汽車所記錄的周圍環境資訊，使AI學習新物體資料的畫面。使用研究室的電腦進行學習，再更新到車上的系統。

能抓取人類無法做到的車間距離

駕駛的3個要素是「認知」、「判斷」、「操作」。其中的認知環境能力，自動駕駛汽車在目前還無法與人類相提並論。此外，自動駕駛汽車的判斷能力，也仍需要透過公共道路試驗來累積經驗。

但是，從認知到操作之間的速度，以及控制期望速度的能力，則是自動駕駛汽車略勝一籌。例如，當前方車輛減速時，自動駕駛汽車的感測器能立即感知並操控汽車減速。這項技術稱為「自動巡航系統」（adaptive cruise control ，ACC），已經配備在相當於第2級的自動駕駛汽車上。

若是由人類來駕駛，至少需要1秒鐘左右，才能對應前方車輛的速度變化。由於這個延遲，車輛本身的減速往往必須比前方車輛的減速更大才行。這是經常造成交通阻塞的原因。

自動駕駛汽車也能實現人類極不可能做到的駕駛操控。例如，日本的新能源產業技術綜合開發機構（NEDO）開發了使4輛自動駕駛卡車維持4公尺的車間距離，以時速80公里行駛的技術（右頁上方照片）。如圖所示，4輛卡車沿著道路行駛，如果第一輛卡車緊急煞車，則4輛卡車會一齊停車。這4輛卡車利用「車車間通訊」，才能在幾乎同一時刻進行完全相同的操作。如果是由人類駕駛，必定會發生追撞事故！

利用這項技術，可以大幅縮小車間距離，降低第2輛以後所承受的空氣阻力。比起人類駕駛的狀況，能夠省下大約15%的能源。

高速公路的「車車間通訊」

利用車車間通訊的技術，能夠使客車和貨車在維持彼此緊密距離的狀況下行駛。如果人類想要這麼做，在減速時恐怕會來不及反應，因而造成堵車或追撞。

行駛中的車間距離只有4公尺

卡車維持4公尺的車間距離，以時速80公里行駛中。利用車車間通訊共享速度等資訊，使4輛卡車能幾乎在同一時刻操控方向盤和煞車。

專欄 COLUMN　自動駕駛汽車比人類駕駛更不容易造成堵車

從緩降坡轉為緩升坡的路段稱為「鞍部」。如果是「沒有意識到車輛本身在減速的人」或「減速幅度遠比前方車輛減速幅度更大的人」在駕駛，就容易發生堵車。但是，自動駕駛汽車利用自動巡航系統，能配合前方車輛加減速，比較不容易造成堵車。

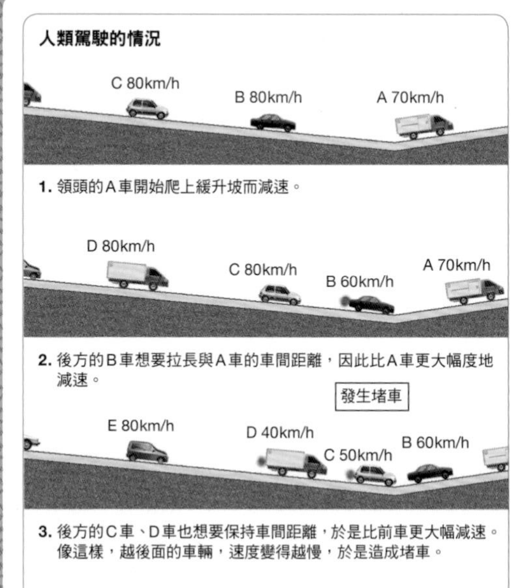

人類駕駛的情況

1. 領頭的A車開始爬上緩升坡而減速。
2. 後方的B車想要拉長與A車的車間距離，因此比A車更大幅度地減速。
3. 後方的C車、D車也想要保持車間距離，於是比前車更大幅減速。像這樣，越後面的車輛，速度變得越慢，於是造成堵車。

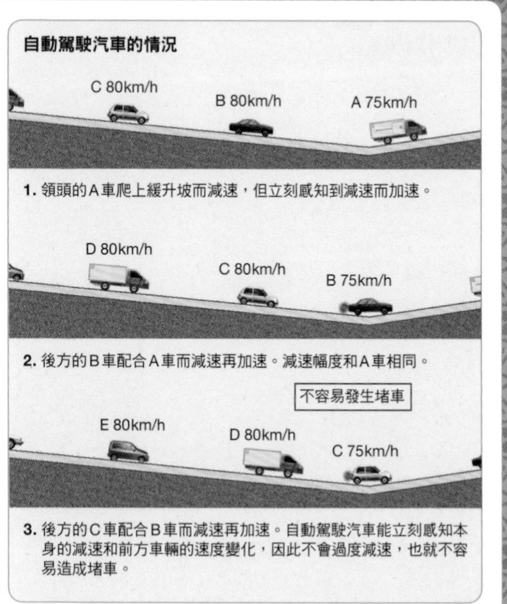

自動駕駛汽車的情況

1. 領頭的A車爬上緩升坡而減速，但立刻感知到減速而加速。
2. 後方的B車配合A車而減速再加速。減速幅度和A車相同。
3. 後方的C車配合B車而減速再加速。自動駕駛汽車能立刻感知本身的減速和前方車輛的速度變化，因此不會過度減速，也就不容易造成堵車。

由AI監視駕駛人是否打瞌睡的技術

我們可以預料到自動駕駛汽車在未來將會越來越普及。不過到目前為止，是以第3級（在高速公路等限定環境中進行有條件的自動駕駛）以下的自動駕駛汽車為主流。依第3級的分類，駕駛人和車子必須因應狀況而交替駕駛。

人即使坐在駕駛座上，但如果在操作手機或打瞌睡，勢必無法立刻接手駕駛。為了使駕駛的接替保持順暢，車子必須能充分掌握駕駛人所處的狀態才行。

現在有一項感測器技術，能讓AI依據攝影機拍攝的影像，判斷駕駛人之於駕駛狀態的

AI會尋找眼睛的位置，判斷視線方向

首先，如下左的影像所示，利用細微條紋狀的紅外線照射臉部，測量臉部的3維形狀，確定眼睛的位置（綠色部分）。接著，如下右的影像所示，確定眼睛的邊界（綠線）和瞳孔的位置（粉紅線）。利用紅外線照射的話，眼珠子裡只有瞳孔會呈現黑色。因此，可依據視線移動、眨眼次數、表情變化等等，來推斷有沒有睡意。

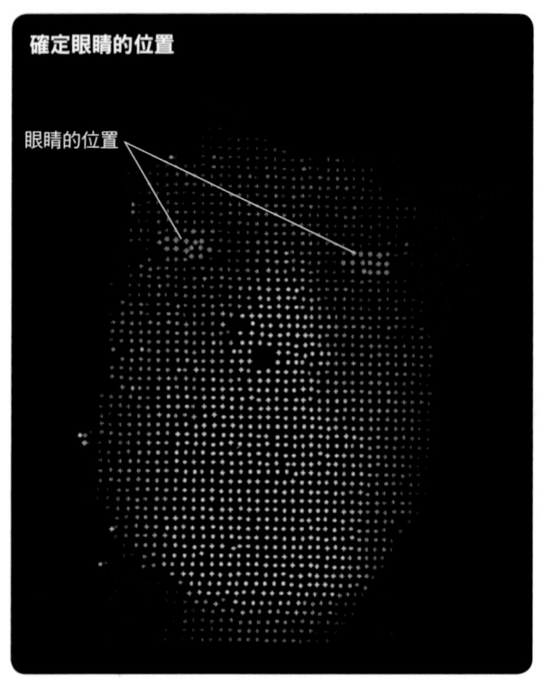

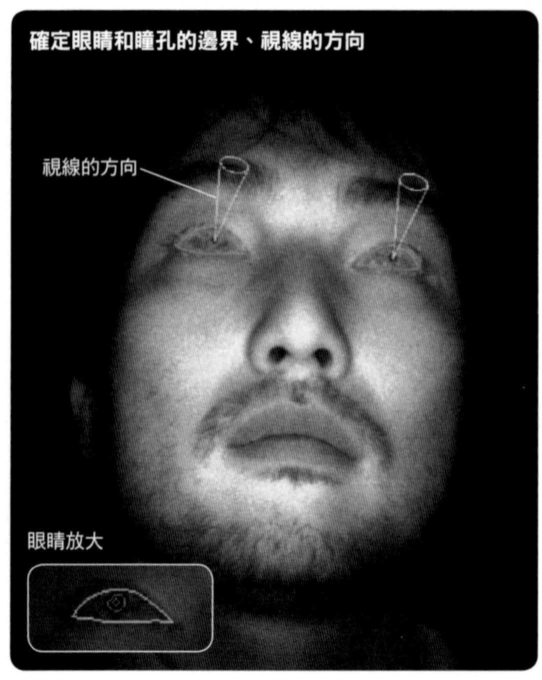

專注程度。這是日本歐姆龍股份有限公司（OMRON）與日本愛知縣的中部大學合作，於2016年著手開發的技術，由AI依據攝影機拍攝的紅外線影像，即時偵測眼睛的位置、眼皮的開闔度及視線的方向等等。即使駕駛人戴著太陽眼鏡或面罩，也能準確偵測。

若要由人類把各項條件逐一設定，寫出能執行臉部辨識等等的複雜程式，並不是一件容易的事。因此，從臉部的辨識到駕駛專注度的判定，幾乎全部工程都交給由採行深度學習的AI來執行。

就連當事者也還沒有察覺到的最初期睡意，AI也能偵測出來。

人的頭部一直都是在微微地晃動著。頭部的晃動會造成視野跟著搖晃，而眼睛具有反射性自動修正視野的功能。當睡意出現的時候，這項修正功能的作用會明顯地減弱。如下圖所示，AI能依據視線與頭部的晃動狀態，偵測出修正功能的微小變化，亦即睡意帶來的影響。

AI能偵測出本人也沒有察覺的睡意

我們頭部向下晃動時，眼睛會自動朝上，以便抵消它的影響，免得視野搖晃。如上方照片所示，在清醒而沒有感到睡意的時候，頭的上下移動和視線的上下移動幾乎是對稱動作而互相抵消。一旦開始感到睡意，就會如下方照片所示，對稱的樣式開始受到破壞。因為這個動作是無法藉由意志強行控制的反射動作，所以人無法對AI隱藏睡意。

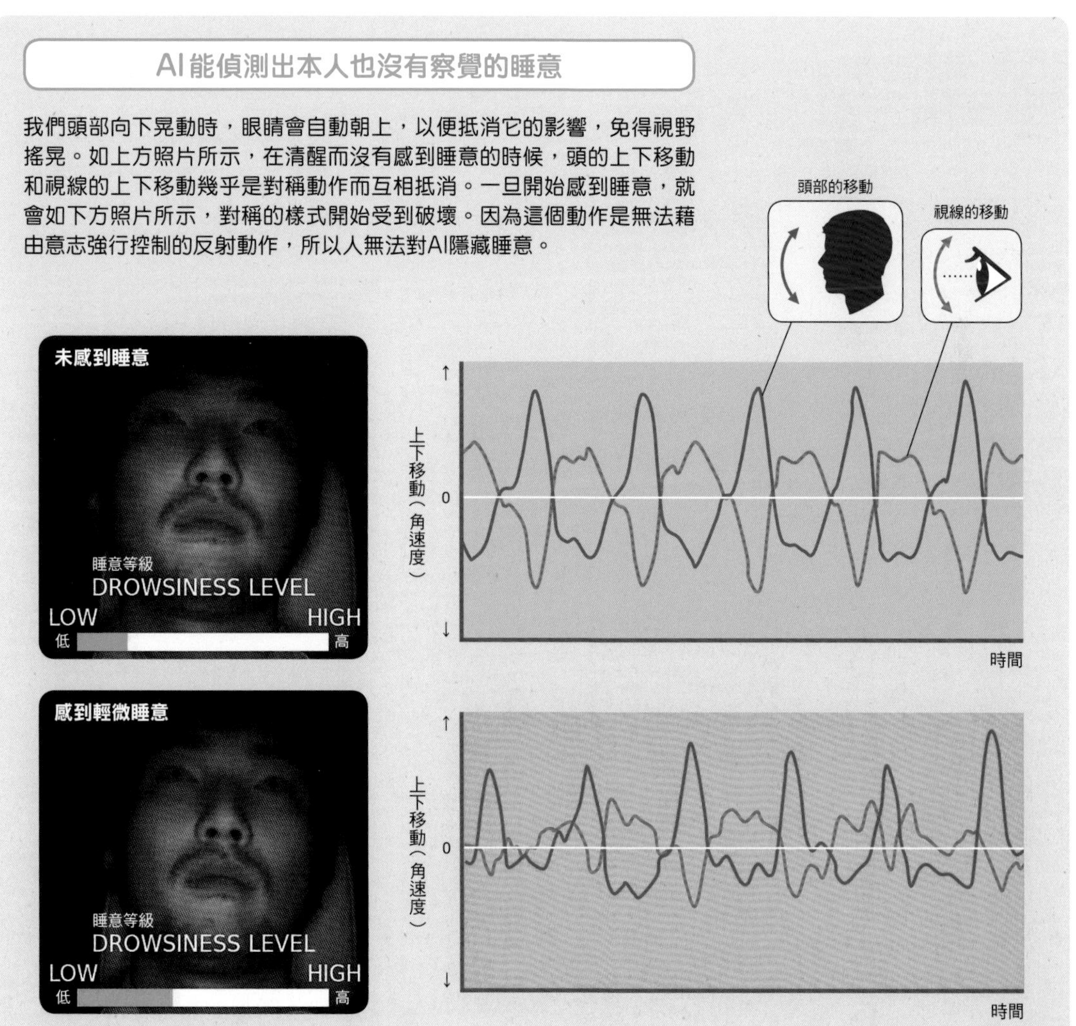

駕駛自動化在2020年代突飛猛進

自動駕駛有兩個主要的發展方向：「在任何場所都能行駛的自動駕駛」和「在限定區域內的自動駕駛」。前者就是第５級的「完全自動駕駛」。若要這項發展實現，則必須做到當它行駛時，即使是第一次經過的路徑，也能夠毫無遺漏地辨識所有的車道及標誌等等。目前還很難做到這一點。

另一方面，如果是始終行駛相同路線的公車，或是在限定區域內活動的計程車，則只要確實學習該區域的資料，就有可能穩定地

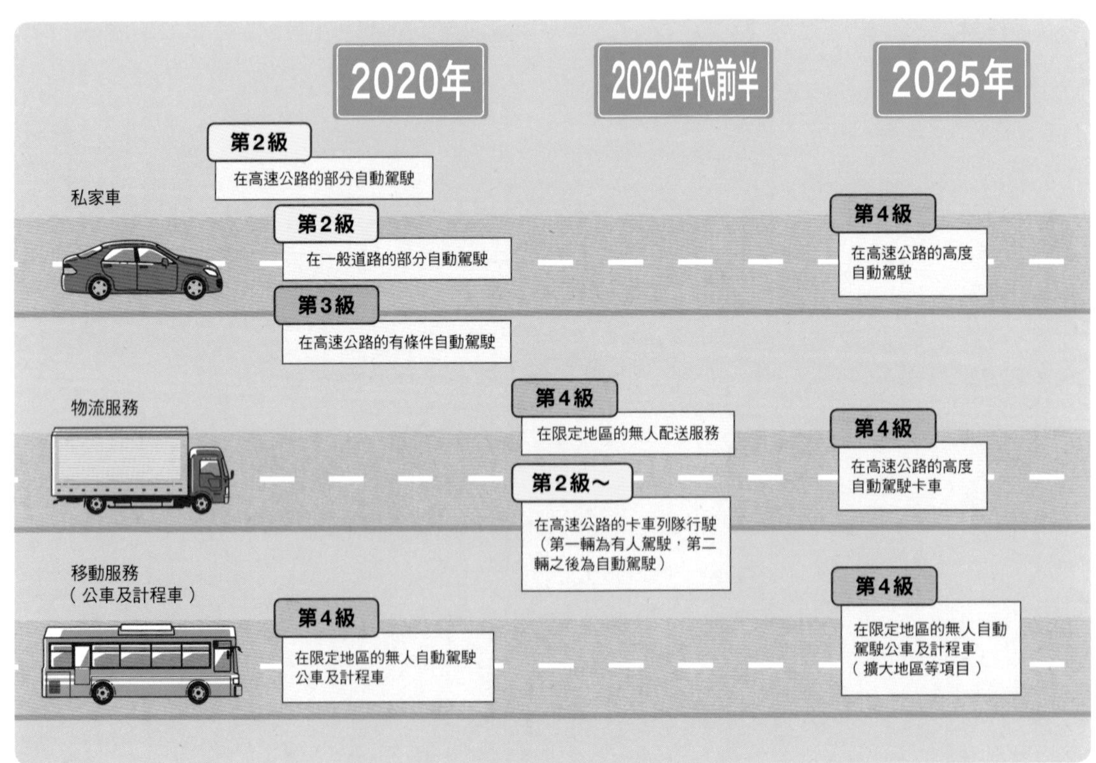

自動駕駛的發展藍圖

日本政府於2020年７月發布「官民ITS構想・藍圖2020」，提出對於自動駕駛的未來規畫構想。所謂的ITS，是Intelligent Transport System的縮寫，意思是「智慧型運輸系統」，其中也包括自動駕駛汽車。在自用客車方面，已經在2020年４月１月修訂道路交通法及道路運送車輛法，允許第３級自動駕駛汽車上路行駛。預期到2025年，第４級（在特定道路環境的完全自動化）的自動駕駛汽車可以在高速公路行駛。

運行。此外，在因為人力不足而感到困擾的地方，對於以自動駕駛取代有人駕駛的公車及計程車，會有比較高的需求，因此可以考慮先把自動駕駛實際運用在人口稀少地區的公車及計程車上。在現階段，適當選擇限定的地區，在其範圍內進行第４級的自動駕駛，就技術而言已經沒有問題了。

日本政府於2020年７月發布「官民ITS構想・藍圖2020」，提出對於自動駕駛之未來發展與普及的預測。第４級自動駕駛可望在限定地區的公車及計程車上率先實現。

在美國，Google的自動駕駛研發公司Waymo於2018年12月開始自動駕駛計程車的商用服務「Waymo One」。日本軟銀集團（SoftBank Group）旗下的BOLDLY所開發的自動駕駛公車也已經從2020年11月開始，在茨城縣境町正式上路，未來也將推廣到其他地區。

專欄 COLUMN　未來的辦公室及飲食店將可在街道上移動

未來社會可能會有廂型電動汽車（EV）在街道上巡迴走動，提供移動、物流、販售物品等各式各樣的服務，支援人們的生活。豐田汽車公司（Toyota）於2018年提出「e-Palette」的構想，勾畫出這種次世代移動服務的樣貌。e-Palette是預定在固定路線上行駛的第4級自動駕駛EV。不需人員駕駛的e-Palette在街道上穿梭行駛，能夠有效率地移動人員及物品。此外，由於不需人員駕駛，使得自駕車內部成為私密的空間，人們可以把這個e-Palette的空間作為辦公室或飲食店、旅館等用途。

自動駕駛的開發已經邁入「實踐階段」

自動駕駛的技術急速進展。若是在理想的條件下，自動駕駛可說已經大致實現了。但在實際的行駛過程中，並不可能完全符合理想的條件，例如會有行人突然竄出來，或是被大卡車擋住視野，或是下大雨，或是積雪覆蓋車道線等等，自動駕駛汽車必須能夠應付這些層出不窮的非理想狀況才行。因此，必須讓自動駕駛汽車在各式各樣的道路上反覆進行行駛測試，以便檢視它在遇到什麼樣的狀況時無法處理。

目前，世界各地都不斷地進行自動駕駛汽車的行駛測試。日本自2017年6月起，允許沒有駕駛人的自動駕駛汽車在公共道路上進行行駛測試。同年12月，沒有駕駛人的自動駕駛汽車藉由搖控的方式，開始在愛知縣和東京都的公共道路上進行行駛測試。

2018年8到9月期間，在東京都市區進行全球首次自動駕駛計程車在公共道路上提供服務的測試。自動駕駛公車的行駛測試也從市區擴展到鄉鎮，在日本各地普遍施行。日本首次自動駕駛公車在公共道路上的固定班次長期營運，已於2020年11月在茨城縣境町正式上路。

此外，自動駕駛在物流領域的運用也備受期待。許多地方都在進行限定地區的無人配送實證實驗。

全球首次「自動駕駛計程車」的實證實驗

日本綜合機器人廠商ZMP和日丸交通公司於2018年8至9月期間進行從東京都大手町到六本木之間（約5.3公里）的自動駕駛計程車服務測試。客戶使用自己的手機進行自動駕駛計程車一系列的預約、搭乘、結帳等操作體驗。下方照片所示為當時使用的自動駕駛計程車，右邊照片顯示的是該車內部。計程車司機坐在駕駛座上，但沒有操控方向盤。

沒有方向盤之自動駕駛公車的實證實驗

軟體銀行的子公司BOLDLY於2019年８月在長崎縣對馬市進行的自動駕駛公車實證實驗場景。採行自動駕駛，但車上有受過訓練的駕駛員和輔助駕駛員的安全人員。公車內沒有方向盤，遇到緊急狀況時，可以使用控制器切換為手動駕駛。使用相同車輛和系統的自動駕駛公車已經於2020年11月在茨城縣境町開始固定班次的長期營運。

看準自動駕駛社會之新世代物流服務的實驗

「機器黑貓宅急便」（RoboNekoYamato）是日本大和運輸公司和日本DeNA公司看準自動駕駛社會而聯手推出的新世代物流服務計畫。

自2017年４月起，花了大約１年的時間，在神奈川縣藤澤市的部分地區進行配送服務的測試，利用AI使配送路線達到最適化，讓客戶能以10分鐘的間隔指定貨物到達時間，而且客戶還可以自行從車內取出貨物。2018年４月，藤澤市也使用自動駕駛汽車的配送服務測試，在駕駛人坐在駕駛座的狀態下，行駛了大約６公里。另外，也在駕駛人沒有坐在駕駛座，但封鎖部分公共道路的狀態下，進行行駛測試。

COLUMN

自駕車為什麼會發生死亡事故？

雖然自動駕駛的研發正如火如荼地發展之中，但也不是一帆風順，事事如意。

2018年3月18日，從事叫車APP等服務的優步科技公司（Uber Technologies），其自動駕駛汽車在行駛測試途中發生死亡事故。

肇事地點在美國亞利桑納州，時間是星期日晚上10點左右。一名女士牽著自行車橫越沒有路燈的陰暗街道，遭時速約63公里的自動駕駛汽車撞上。

當時車上有一名女士，負責監控自動駕駛的狀況。

自動駕駛汽車上配備有攝影機和感測器，用於辨識周圍行人及障礙物。根據後來的事故調查報告，車上的感測器在撞擊發生前6秒就偵測到前方有行人，而且在撞擊前1.3秒，車子的系統就已經做了判斷，必須操作車上原已配備的緊急煞車，以避免撞擊。

把緊急煞車關閉了

為了避免車子在行駛測試時做出規則外的舉動，優步公司把自動駕駛中的緊急煞車功能關閉了。也就是說，必須由車上的人員以手動方式操作煞車。但在發生碰撞的數秒前，駕駛座上的女士視線恰好下垂，並沒有注視自動駕駛系統的監視器螢幕，所以直到即將碰撞的前一瞬間才發現行人，因此來不及踩下煞車。

交通事故有9成以上都是因為疏忽及操作失當等駕駛人本身的因素所造成。我們期望若由電腦代為駕駛，將可大幅減少交通事故，這件事故可以說是非常不幸的意外。

行駛測試中的事故

自動駕駛汽車是使用瑞典汽車公司VOLVO製造的XC90。受害女士推著自行車橫越幾近直線的單側4線道馬路，撞上行駛測試中的車輛。另一方面，坐在駕駛座上的女士並沒有盯著監視器螢幕，直到即將撞擊時才發現行人，大吃一驚的模樣全被拍攝記錄下來。事發當時是自動駕駛模式，車上女士沒有握著方向盤，在這場事故中沒有受傷。

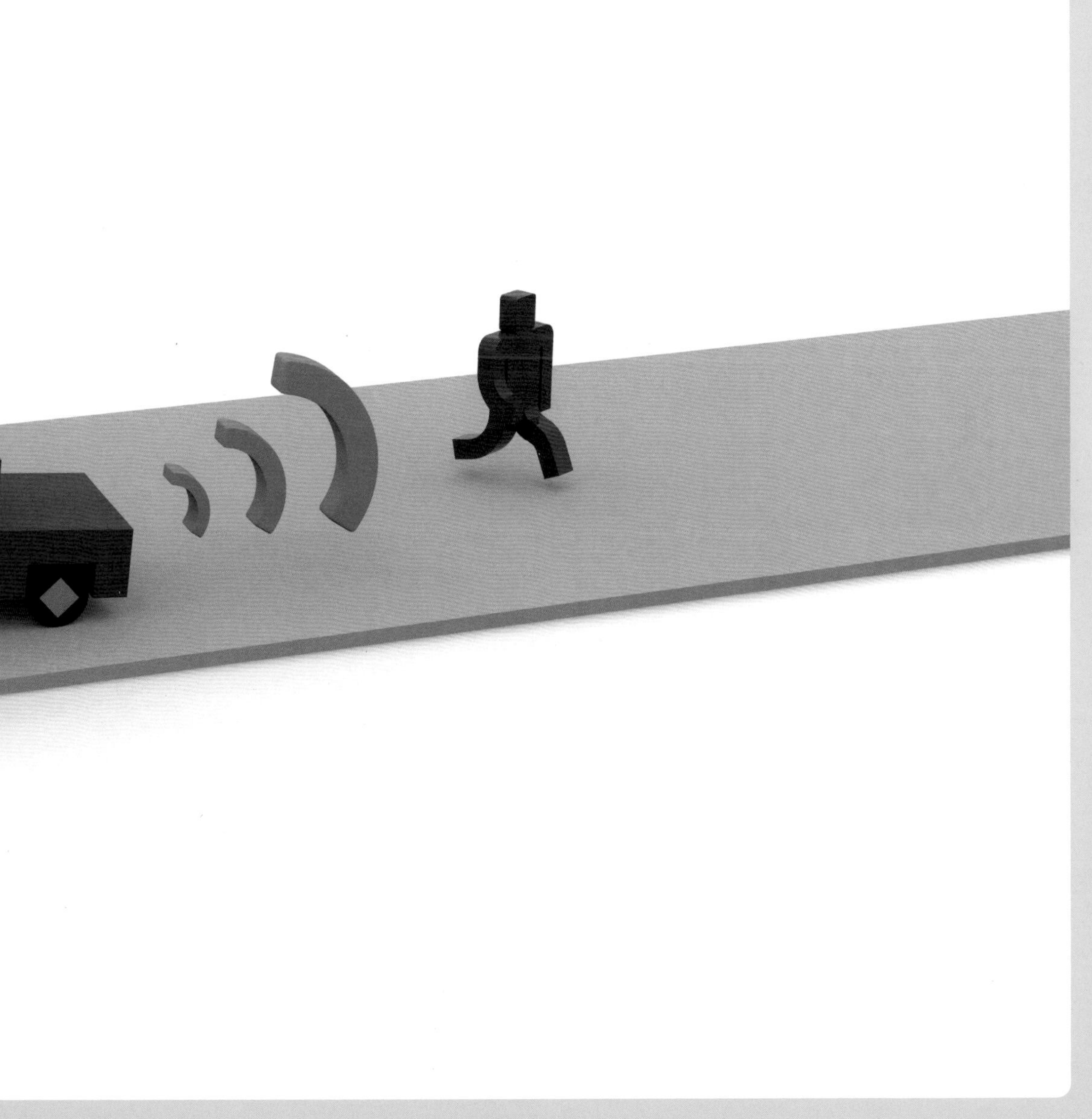

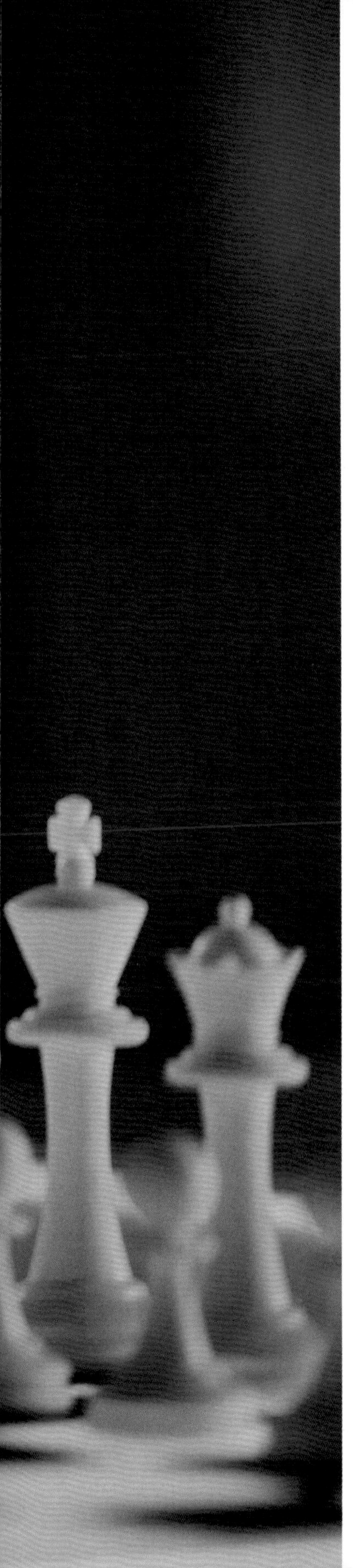

6

於各個領域大顯身手的AI

AI active in multiple fields

能對奕圍棋與將棋的AI將持續進化

自第一次AI繁榮期開始，AI的目標之一就是設定成西洋棋和將棋的高手。

將棋有明確的規則，所以若是只想使電腦會下將棋的話，只須寫出程式就行了。但是，若想使電腦「很會下將棋」就不容易了，為什麼呢？因為需要處理的內容將會非常龐大。

將棋程式「Bonanza」能在1秒內預測大約400萬步走法。或許，你會以為既然能預測這麼多步走法，應該能一直預測到最後一步，也必定會獲勝。但是，將棋的下法是雙方輪流各走一步，

電腦如何下將棋？

圖示為將棋程式如何決定下一步的方法。為簡略起見，只顯示每一步各接兩步，走到下兩步為止的4個局面。假設下兩步的局面分數為50～300分，電腦會先預測對方的可能走法，再據此選出下兩步局面中分數最高的走法。

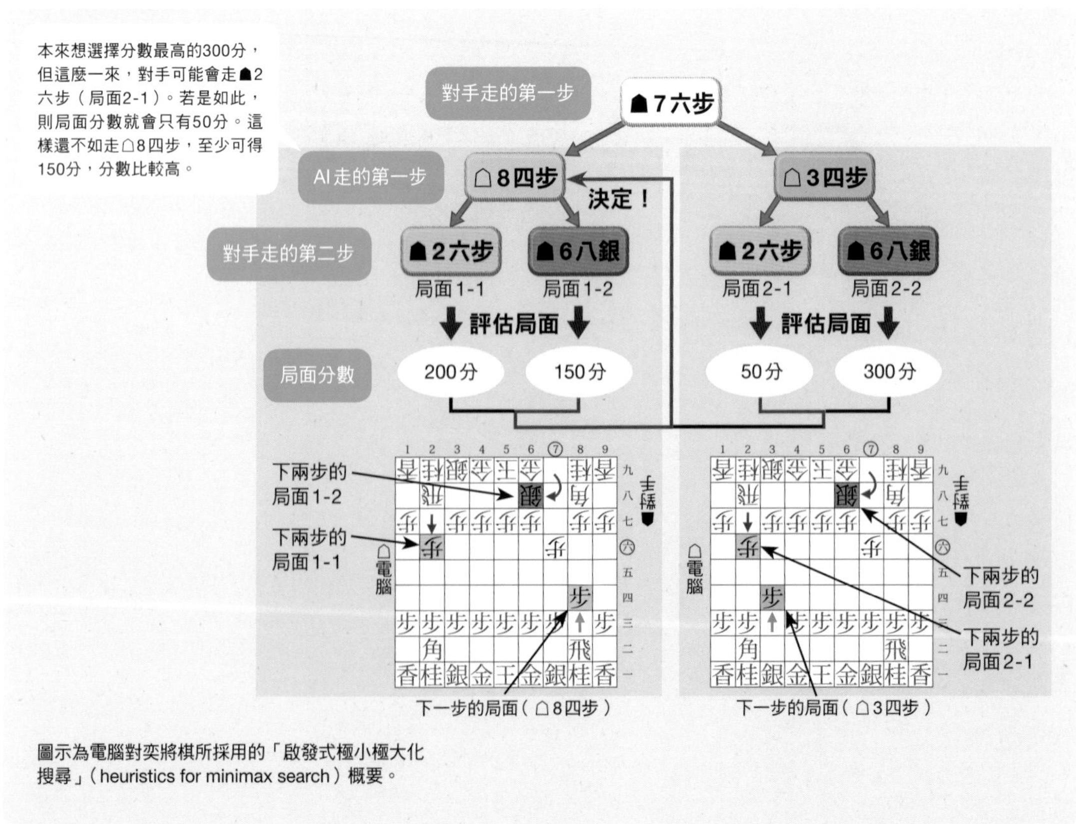

圖示為電腦對奕將棋所採用的「啟發式極小極大化搜尋」（heuristics for minimax search）概要。

哪一方把哪顆棋子走到哪個位置，會像下圖所示般「分岔」。

一般來說，將棋的每一步大約會有80個走法，而一盤棋走到分出勝負平均要走大約120步。也就是說，如果要預測所有的走法，光是單純的計算，就要80×80×80×……，把80乘上120次，等於大約2×10^{228}（2的後面加上228個0），必須能夠預測這麼多個分岔才行。

如果無法預測這麼多種走法，就必須評估局面，判斷什麼樣的局面有利，什麼樣的局面不利。因此，必須給各種局面打分數。

Bonanza利用「評估局面的數式」這個程式，對各種局面評定分數。讓Bonanza學習數量龐大的對奕結果（棋譜），並不斷地調整評估局面的數式，使它儘可能採行將棋高手會選取的走法。藉由這樣的學習，Bonanza的棋藝突飛猛進，終於在2010年打敗了清水市代女流王將（當時）。另一個將棋程式「Ponanza」則於2017年與佐藤天彥名人對奕獲勝。從此邁入將棋程式能夠擊敗頂尖職業棋士的時代。

而一直以來始終很難勝過人類圍棋高手的程式方面，也在2016年出現能擊敗人類的超強程式「AlphaGo」。遊戲領域的AI目前仍持續進化中。

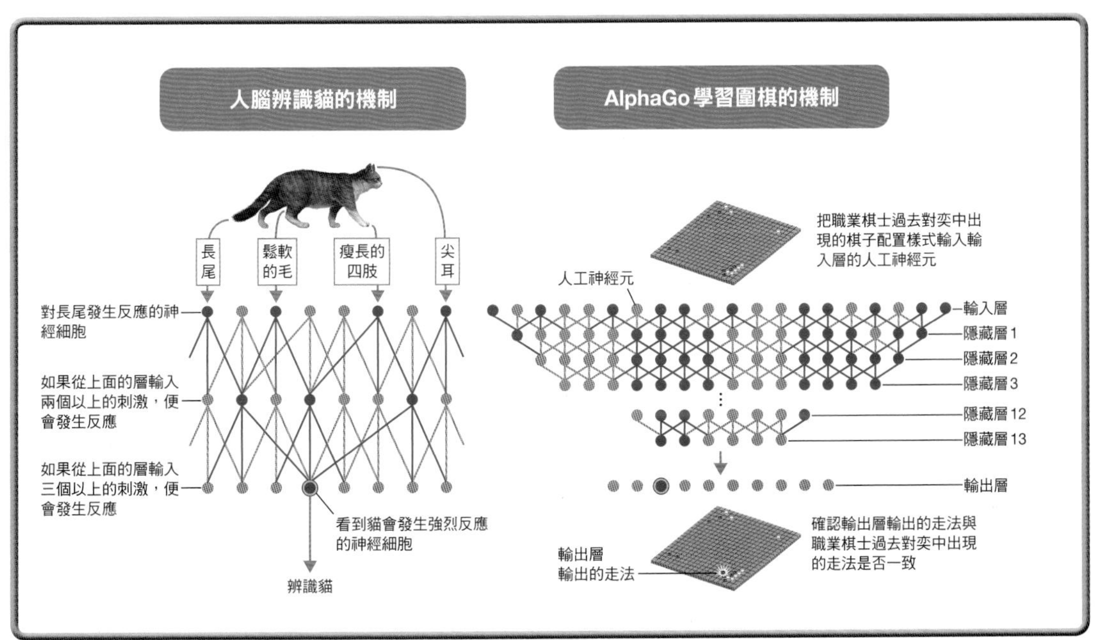

採用深度學習學會獨特勝法的「AlphaGo」

「AlphaGo」一開始採用深度學習的手法，學習職業棋士過去對局中出現的3000萬種棋子配置樣式。首先，把各種棋子配置樣式中顯示棋盤361個交點上，有無棋子及棋子之間的關係等48種特徵，輸入到輸入層的17328個人工神經元。1個下層的人工神經元，從上層的多個人工神經元接收訊號。藉著把資訊彙整到少數的神經元，便能有效率地大致掌握整體棋子的配置樣式。在13層的隱藏層中反覆進行這項作業，最後由輸出層輸出下一步。AlphaGo在2016年3月和李世乭九段對奕，以4勝1敗獲勝。

「AlphaZero」採用非監督式學習成為最強AI

撲克（poker）這類紙牌遊戲，因完全不知道對方手中紙牌的資訊，故稱為「不完全訊息賽局」（imperfect information game）。另一方面，圍棋、將棋及西洋棋這類的棋盤遊戲，則稱之為「全訊息賽局」（perfect infromation game）或「完全訊息博奕」、「全訊息對奕」等等，意指知道下一步的所有資訊。話雖如此，卻也由於能夠預測的步法數非常龐大，反而不容易在限制時間內從所有選項中計算出最適合的走法。

2016年問世的AlphaGo，是使AI依據龐大的人類對奕資料學習勝利樣式，使AI逐漸成長，進而有效率地找出最適宜的走法。這種AI學習方法稱為「監督式學習」。但是，若要

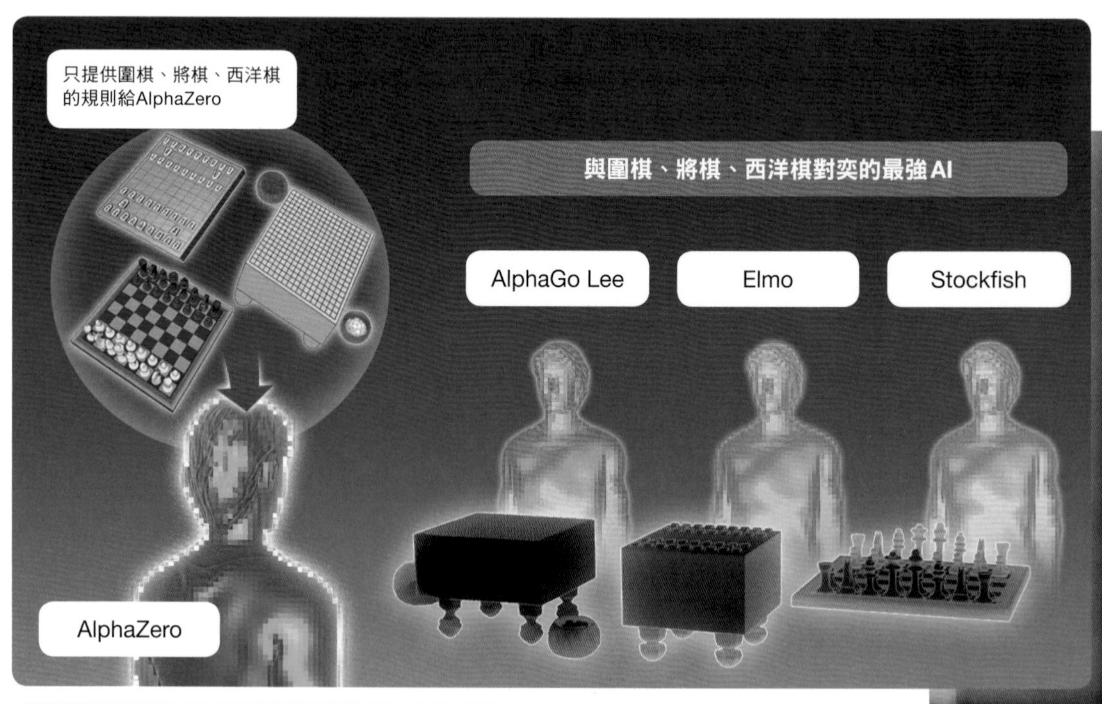

只提供棋盤遊戲的規則就能自行學習而成長的「AlphaZero」

「AlphaZero」為什麼稱為「Zero」呢？因為它的「儲備知識為零」。AlphaGo最初是學習職業棋士的棋譜，但中途改採學習自行對奕結果。而AlphaZero則是自始至終都沒有使用職業棋士的棋譜。除此之外，AlphaGo是使用在最初的輸入影像加上黑、白、無、叫吃、劫、空等圍棋特有的知識（規則）來進行學習，AlphaZero也沒有使用這類資料。然而在它學習完成後，竟打敗了當時圍棋、將棋、西洋棋等領域最強的AI。AlphaZero是由英國的深度思考公司（DeepMind）所開發。最早是開發「AlphaGo」，2017年10月開發「AlphaGo Zero」，2017年12月進化為「AlphaZero」，達到棋盤遊戲AI的一個里程碑。

利用這個方法使AI進一步成長，則必須持續提供更多的對奕資料才行。因此，後繼機種「AlphaGo Zero」改由已經完成監督式學習的AlphaGo彼此不斷地對奕，藉此學習勝利樣式而提升能力。這種AI學習方法稱為「非監督式學習」。除了監督式和非監督式的學習方法之外，還有一種方法也很重要，就是由AI透過自我嘗試錯誤找出最適宜的行動，這種學習方法稱為「強化學習」（reinforcement learning）。

不再需要過去的對奕資料，只要把遊戲規則告訴AI，AI就能自行學習而成長。這代表只要是全訊息賽局，則無論什麼賽局，或許都可以利用相同的方法進行學習。而這件事的實證，就是「AlphaZero」。

AlphaZero除了能學習圍棋之外，將棋和西洋棋也是一樣，只要在一開始告訴它遊戲規則，AlphaZero彼此之間就能互相不斷地對奕。剛開始也會發生離譜的走法，但在反覆多次對奕之後，便逐漸能夠篩選出最適宜的致勝走法。

由於AlphaZero的出現，專門為全訊息賽局而設計的AI，可以說已經完成研發工作的第一個環節。

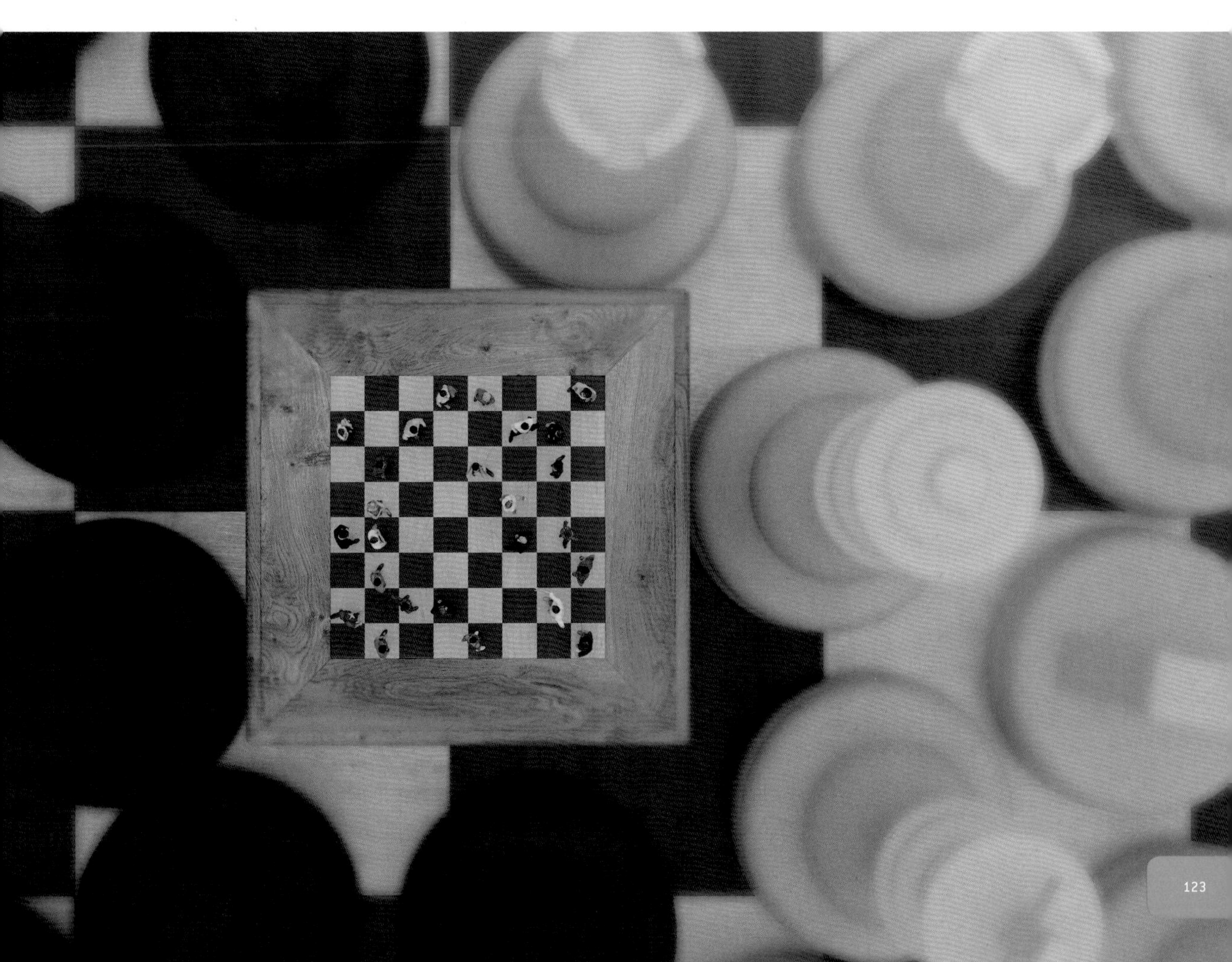

進入銷售現場的AI

AI在零售業的現場也十分活躍。例如，由AI取代店員在店內值班，就連結帳作業也能處理的「AI結帳無人化商店」，如今已經邁入實用化了。

零售店的基本機制，是從顧客收取貨款，並給予等值的商品作為交換。為了能在無人的狀態下實現這樣的作業，必須由人類以外的機器完整辨識顧客所買的商品，並從顧客收取貨款。目前已經實際運作的AI結帳無人化商店，是利用AI等IT技術的組合，掌握顧客的行動和手中拿取的商品，並利用大眾運輸類儲值卡及信用卡等電子支付的方式，完成貨款結帳，藉此實現櫃台的無人化。

此外也運用機器學習等AI技術，來分析使用攝影機及感測器所取得的顧客行動、銷售額等資料。分析結果可用於改善店面配置及賣場設計、商品價格設定等等，以求提升業績，並且預估未來的銷售趨勢。

最近，能使用網頁或APP購買商品的「電子商務」（e-commerce）逐漸普及。也運用AI依據此地購物的歷史記錄，推測個人喜好，然後推薦商品給消費者。

選擇商品
在店內的天花板裝設攝影機，並在商品貨架上裝設感測器，兩者併用以確認顧客的動作和商品的移動。

感測器和攝影機
在「TOUCH TO GO」的商店內裝設大約50架攝影機，藉由攝影機和感測器追蹤顧客的動作，可以獲得「什麼商品曾被拿取」這種只憑銷售結果無法看到的資料。

進入商店
當顧客站在入口閘門前，店門會自動打開。由於能即時掌握店內人數，在人潮擁擠時，會自動開啟限制入店的功能，店門即不會打開。

運用AI的無人化結帳便利商店

日本的無人化結帳便利商店「TOUCH TO GO」，於2020年在JR山手線與京濱東北線的高輪Gateway站開張。利用裝設在天花板及貨架的攝影機及感測器，由系統辨識顧客拿取的商品。由於能即時掌握商品的移動，所以顧客即使放入提包或口袋內也沒有關係。

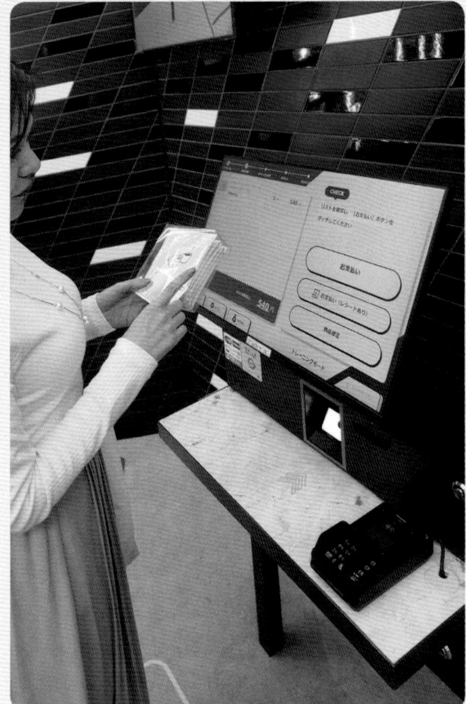

結帳
如果沒有完成結帳的動作，出口閘門就不會打開。藉此防止偷竊等不法行為。影像所示為使用大眾運輸類儲值卡結帳的場景。

SECTION 52

Matching service using AI

AI面試

AI評鑑召募人才的時代已來臨

企業也開始運用AI來進行面試了。

以往企業要進行召募人才作業時，主要是由人事部門的負責人員審閱求職者提交的履歷、作品等文件，再進行面試，最後決定聘用的人選。但現在無論是審閱文件，還是進行面試，全都可交由AI來代替負責人員執行。

在導入AI執行文件審閱這方面，第一步是把過去已經由面試官做出評價的履歷資料，提供給AI作為「摹本」，讓AI學習各家企業評定履歷資料的合格任用標準，AI再依據學習的結果，評鑑實際收到的履歷資料，篩選合格的求職者進入下一階段的面試。

除了審閱文件的AI，也開發出面試的AI，

使用AI篩選求職者

AI在召募人才作業上的運用，目前大多只限於須審閱數量龐大之履歷資料的大型企業，以及第一次面試，可以說是居於輔助的角色。不過，未來勢必會有越來越多企業導入。

學習面試的模式進行面試。但是，並非只憑AI面試就全部結束，接著還是必須由負責人員做第二次面試，執行最終的判斷。

每次的召募人才作業都必須審閱數量龐大的履歷資料，如果把這項作業交由AI來執行，將可大幅減輕人事部門的負荷，並大幅縮短作業所需的時間。此外，可以減少任用標準隨著負責人員搖擺不定，或因負責人員「著眼點」的主觀性導致判斷有所偏差等問題，具有提高人才聘用精準度的優點。

不過，這樣的做法也有疑慮。交由AI篩選求職者，若只是篩選符合必要標準的人才，固然很有效率，但求職者的資訊畢竟僅限於現階段，至於未來的發展潛力等等，AI並無法做出判斷。而且，只憑資料來做判斷，恐怕會錯失大幅偏離基準這類「打破常規」的特殊人才。

話雖如此，但在召募人才作業上導入AI的企業卻是年年增加。根據日本的「就職白皮書2019年」，在召募人才作業上已經導入AI的企業有2.3%，考慮採用的企業有11.7%，若只看員工人數5000人以上的企業，則考慮採用的企業超過25.7%。

甚至還有一些企業，不只在召募人才時導入AI，就連任用後的人事配置也打算採用AI來協助運作。

讓AI向你推薦結婚的對象

由AI進行媒合的工作，並不僅限於企業的召募人才作業，也運用於「相親市場」，相親意指為了尋找結婚對象而從事的活動，例如聯誼、婚友社等等。AI在其中扮演的角色，就是向想結婚的男女提出最適當的配對組合。

以下的例子，是利用AI進行相親的一種方法。首先，把尋找結婚對象的女性（暫稱為A

小姐）資料提供給AI。在提供的資料中，含有A小姐的興趣、價值觀等關於A小姐人格特質的資訊，以及A小姐對於未來對象的要求條件。

婚姻仲介所事前會累積、儲存一些「成功案例」，例如過去曾有什麼樣的男女成功配對，步入禮堂的紀錄。AI會使用這些資料作為摹本，學習配對成功的樣式。

AI取得A小姐的資訊後，先在婚姻仲介所的歷史會員資料中，搜尋與A小姐類型相似的女性，接著在婚姻仲介所的現有會員中，搜尋與這些女性的結婚對象類型相似的男性。然後，對有可能配對成功的男性候選人評定分數。最後，介紹人便參考這個分數，挑選出適當的對象，介紹給A小姐。

由上述例子可知，相親市場導入AI後，就可以減輕介紹人的負擔，尤其是經驗較淺的介紹人。

解析大數據並預測股價的AI

AI也開始運用於股票投資的領域。企業發行股票，從投資人募集所需的資金，而投資人則在股票低價時購入，在股價上漲後賣出，賺取差額利益。這是股票投資的基本機制。

在股票投資領域導入AI，目的是取代「交易員」的業務。交易員是接受投資人的委託，代為買賣股票的仲介人，他們平日會觀察股價的波動，儘可能地買低賣高股票。這樣的交易有許多類型，其中一種就是邊分析過去的價格變動，邊以1秒鐘多達數千次的高頻率不斷下單買賣的「高頻交易」（high frequency trading，HFT）。這種交易類型是以速度決勝負，因此很適合能以超高速度解決特定問題的AI。

另外一種從事股價預測的AI，雖然實用的例子並不多，但也備受期待。股價預測所採用的資料，除了數據資料之外，還有新聞、財務快報（企業在短時間發布財務結算內容的彙整報告）、分析師報告（專業分析師對股票進行分析，據此對市場做出預測的報告），以及發表在網路社交平台（如LINE、Twitter、Instagram、Facebook、TikTok等）上的資訊等等，非常多樣。人們期待能運用AI分析這些大數據來預測股價。

演算法交易

股票投資是由稱為「基金經理人」（fund manager）的專業人員來評估欲交易的商品，並由「交易員」接受下單委託進行買賣。但是現在，由電腦判斷市場動向而自動下單買賣股票的「演算法交易」（algorithmic trading）越來越普遍了。

AI對短期交易的股價預測很有效

從事股票投資，必須依據各式各樣的資訊，精準地預測不斷變動的股價。最近，讓AI學習新聞、企業的財務報告等所構成的大數據，藉此預測股價的方法逐漸受到矚目。不過，對於受到社會及經濟情勢所左右的中長期股價預測，還是由專業人員來做比較容易。AI主要是作為短期交易的預測工具。

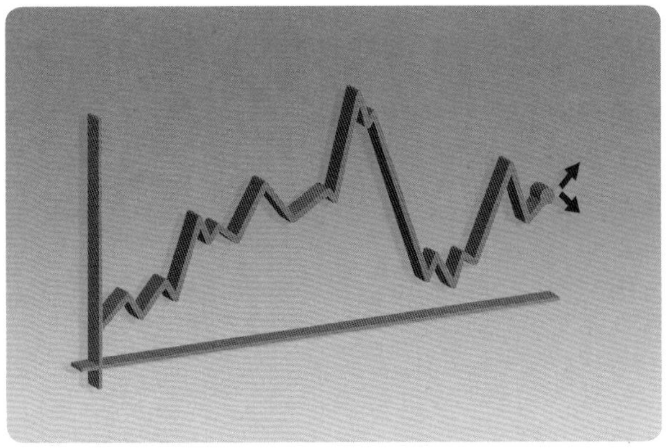

專欄 COLUMN 集體智慧AI

有一種用於股價預測的AI，稱為「集體智慧AI」（collective intelligence AI）。這是運用許多個AI以求提高答對精準度的一種「整體學習」（ensemble learning）方法。例如，明天股價會上漲還是會下跌？把這種有兩個選項的問題交給AI解決。這個時候，由多個AI採多數決所做的預測，比只由一個AI所做的預測答對率會更高。眾多AI的意見越趨於一致，越能做出讓人較具信心的預測。不過，這個方法的前提是必須提供各自不同的資料組給各個AI，讓它們分別獨立學習。這個集體智慧AI是由日本茨城大學的鈴木智也教授所開發。

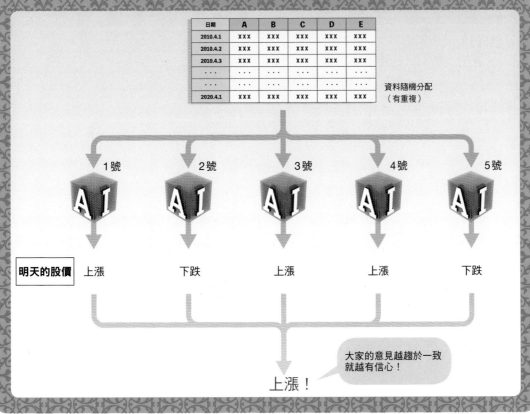

日期	A	B	C	D	E
2010.4.1	xxx	xxx	xxx	xxx	xxx
2010.4.2	xxx	xxx	xxx	xxx	xxx
2010.4.3	xxx	xxx	xxx	xxx	xxx
···	···	···	···	···	···
···	···	···	···	···	···
2020.4.1	xxx	xxx	xxx	xxx	xxx

資料隨機分配
（有重複）

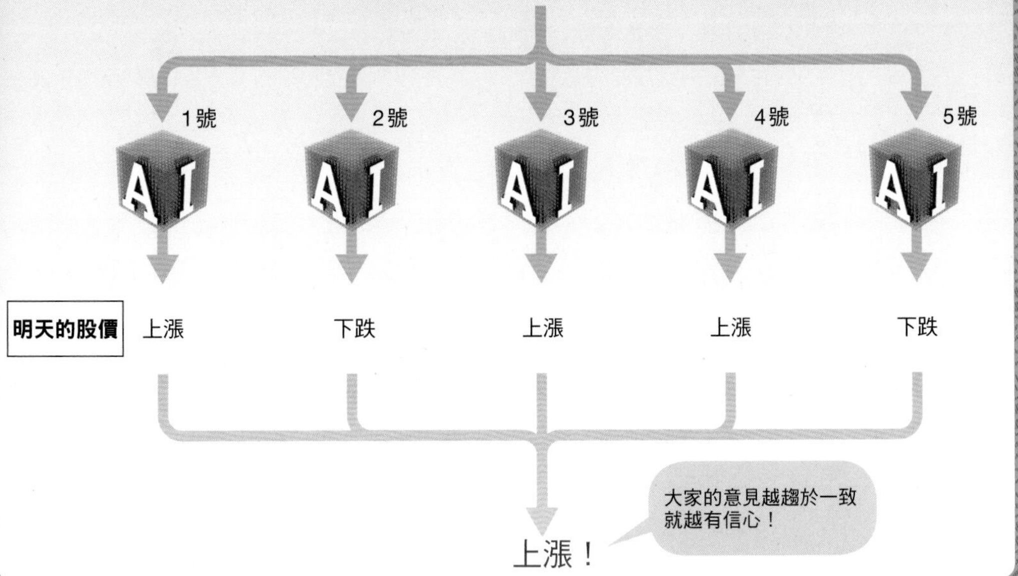

1號 2號 3號 4號 5號

AI AI AI AI AI

明天的股價	上漲	下跌	上漲	上漲	下跌

上漲！

大家的意見越趨於一致
就越有信心！

AI所偽造的影片，也由AI來揭穿「騙局」

下方6張人物影像，是AI作出來的虛構人物。不只是人物影像，AI還能輕而易舉地偽造出貓及風景等宛如真實景物的完全虛構影像。

這種虛構影像是利用「生成對抗網路」（generative adversarial networks， GAN）的手法製造出來的。GAN使創作虛構影像的AI和揭穿虛假面貌的AI互相競爭，藉此做出更像實物的虛構影像。

全球知名的演員、企業家及政治人物竟在影片中發表理應不可能說出口的偏激言論……等等這類偽造影片，AI都能輕易地做出來。

甚至還能像右頁圖2這樣，使用稱為「深度偽造」（deepfake）的手法，把影片中說話的人置換成別人的臉。例如，找一個人模仿名人的髮型、服裝等，再拍攝一段影片，使用深度偽造的技術嵌入名人的臉，就能偽造出彷彿名人本身親自參與的影片。

由於這類巧妙的偽造影片在網際網路上逐漸泛濫，所以科學家也在研發能予揭穿這些「謊言」的AI與其對抗。也就是說，欺騙人類的是AI，揭穿騙局的也是AI。

2017年，日本國立情報學研究所（National Institute of Informatics，NII）領先全球開發出能揭穿偽造影片的AI。這種AI能夠自行發現只有在偽造影片中才會出現的特徵，依此判別影像是否為實物，精確度可以達到99%。

不只是影像及影片，未來AI也極有可能作出偽造的聲音等等，藉此騙過認證系統。揭穿AI的技術今後勢必會變得更加重要。

製造實際不存在的人物影像及影片

這些影像都是AI做出來的虛構人物臉部影像。日本圖庫公司ACWorks使用「生成對抗網路」（GAN）製成「AI人物材料（β版）」，6張相片看起來好像是真人，但全部都是AI製造的虛構人物影像。此外，ACWorks也免費公開只能置換臉部的影像合成服務「fusionAC」。

右頁圖示為使用深度偽造製作虛假影片的例子，運用了深度學習的技術。

利用深度偽造製作虛假影片的過程

在此且以製作知名女性的虛假影片為例，說明深度偽造的機制。首先，如 1 所示，使用知名女性的大量臉部相片（5000～1 萬張），讓AI捕捉該女性的臉部特徵。再利用另一個AI依據臉部特徵重現該女性的臉部。在製作虛假影片的時候，如 2 所示，把捕捉該女性臉部特徵的AI，和重現該女性臉部的AI組合起來，並給予另一個人的影片資料。這麼一來，只有影片中的臉被置換成知名女性的臉，便製作出虛假的新影片。新影片中知名女性的臉部表情會依照原影片的臉部動作和表情即時動作。

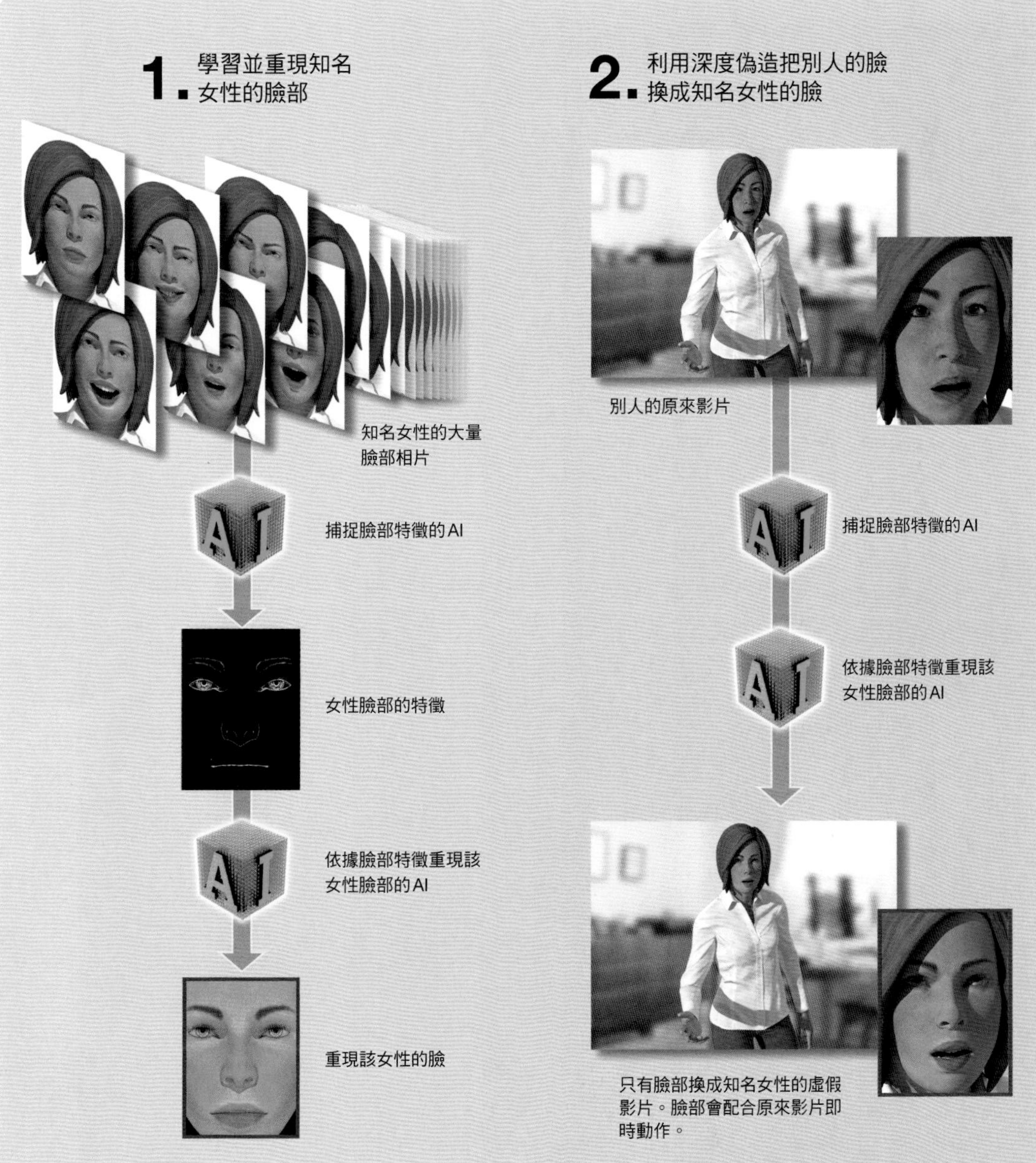

依據畫面擬訂足球比賽的戰術

AI也已引進運動的世界，其中之一就是依據足球比賽的畫面分析選手技法和球隊戰術的工具──「PitchBrain」。

STL（Sports Technology Lab）和PFN（Preferred Networks）這兩家公司合作開發的PitchBrain，能夠依據足球比賽俯拍畫面所取得的各選手的位置資料，判斷兩隊的策略。例如，右頁圖示的場景中，判斷進攻的藍隊有96.3%的機率會採行「交叉換位」（side change，改從球場的另一邊進攻對方球門）的戰術。

這項判斷功能是利用深度學習的方法，學習過去多場比賽的資料而得以實現。

以往都是由多名球隊職員花費許多時間觀看過去的比賽畫面，藉此擬訂下一場比賽的對策和戰術。但若使用PitchBrain，便能從90分鐘的比賽中，只挑出值得參考的戰況瞬間，有效率地進行分析。PitchBrain目前已為日本足球聯盟等多個國家的職業足球隊採用，正在測試其有效性。

把AI運用在分析上的好處之一，是它也能一起分析沒有持球的選手動作。若要由人在長達90分鐘的時間內同時追蹤22名選手的動作，委實有些困難。而且，藉著把沒有持球的選手也納入分析，或許也有可能發現人們意想不到的新對策和戰術。

今後，也將開發能夠預測比賽中的下一個瞬間可能會發生什麼戰況的技術。

專欄 COLUMN 透過AI分析運動員

將AI技術投入到運動界，除了可以用來擬定策略外，也有助於分析球員能力等大量數據，讓球隊更容易搜尋，物色理想的球員，成為智能星探。另外也可以更精準的投入到訓練工作，當球員穿戴智慧型感應器，AI便可透過球員移動、傳球、踢球等動作蒐集資訊，並辨識對方的動作，這就有助於教練團隊提出更精準的建議與戰術。而球員在球場上除了踢球外，也要慎加預防受傷，透過AI分析球員的跑步速度、肌肉量、扭轉程度等等，預測對手會加以阻攔的路線，盡量避免球員受傷等。

另一樣表現同樣亮眼，且連觀眾都可以直接感受到的支援服務，就是協助裁判判決，知名的「鷹眼系統」（Hawk-Eye），這是結合AI、光學攝影和電腦的輔助系統，能更加即時且準確的判斷在人類裁判視線死角或來不及捕捉的結果。這款裁判輔助系統是由英國的馬諾爾研究公司（Roke Manor）於2001年開發而成，後來於2011年併入SONY公司旗下，已經運用於羽球、網球、板球等球類運動。

而足球界的「鷹眼」，是全名為Video Assistant Referee的「影像輔助裁判」，可以判定入球是否有效、是否判罰十二碼、紅牌等級的犯規動作或紅黃牌給錯球員時，幫助裁判做出更加公平公正的判決。

判斷戰況的PitchBrain

把比賽的俯拍畫面提供給PitchBrain，讓它依據選手及球的位置，判斷兩隊在這個場面會採取的行動。

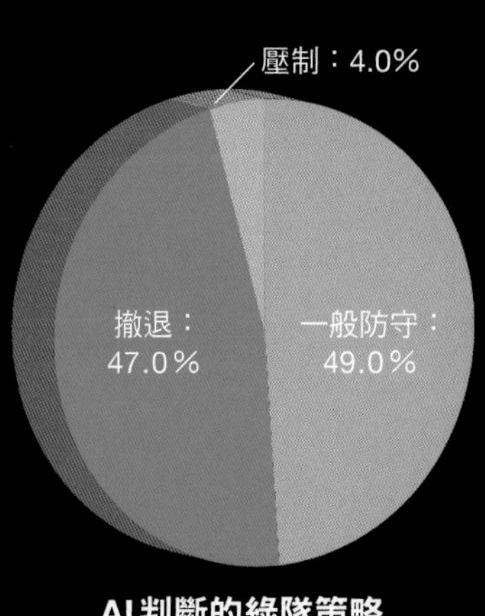

AI判斷的綠隊策略

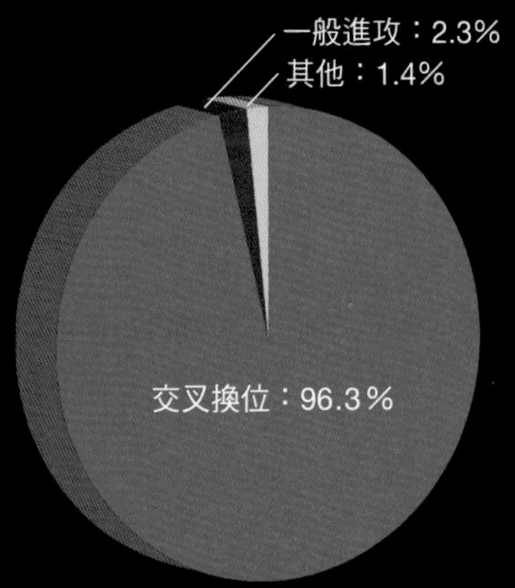

AI判斷的藍隊策略

在數位遊戲的虛擬世界中自在悠遊的「眾AI」

大概在1995年才開始將AI運用到數位遊戲當中。在那之前，遊戲中出現的人物都是像「傀儡戲人偶」一樣，只能夠在畫面上做既定的動作。但是在導入AI之後，遊戲角色便開始具有「智慧」，能夠自行判斷和行動。

數位遊戲所使用的AI主要有「角色AI」（character AI）、「超統AI」（meta AI）與「導航AI」（navigation AI）這三種。角色AI是一種相當於讓角色「思考」的技術，也稱為「自律型AI」。具體來說，就是利用程式給予角色「戰鬥一開始，就發動攻擊」之類的一連串行動流程。這種機制稱為「行為樹」（behavior tree），請參考右頁下圖。

使用這種機制後，角色也具備了眼睛、耳朵等感覺器官的功能，會自行辨識遊戲的世界。也就是說，角色能依照本身所辨識的狀況，從行為樹中選擇適宜的行動。

不過，讓各個角色自律行動的結果，也有可能發生AI暴衝、不理會玩家等不利於遊戲進行的狀況。因此，必須利用超統AI來統整指揮各個角色。超統AI有如「電影導演」，必須使角色這些「演員」同時發揮自律性和演技，創造出玩家所期望的遊戲世界。導航AI的功能如同「地圖」，使角色以3維的方式理解自己的所在位置。角色可以從這張地圖中偵測出最合適的路徑，然後奔向目的地。

專欄 COLUMN　找出遊戲「bug」的AI

數位遊戲完成後，必須先找特定的玩家（遊戲測試者）測試遊戲，以便找出「bug」（電腦程式的錯誤及缺陷）加以修正。但現在遊戲的世界太過於宏大，想只憑人力找出所有的bug，已經越來越不可能了。因此，非常期待能交由具備深度學習功能的AI來測試遊戲。利用能夠學習龐大資料的深度學習技術，或許能夠找出人類無法發現的bug。

角色會因應自己辨識的狀況而行動

史克威爾艾尼克斯公司（Square Enix）熱門遊戲「王者之劍最終幻想XV」（Final Fantasy XV）的一個場景。在３維的世界中，配備AI的角色拓展出各種戰鬥場面。角色能在這個壯闊的３維遊戲世界裡自在地四處移動。他們會採取什麼樣的行動呢？就連遊戲開發者也不知道。

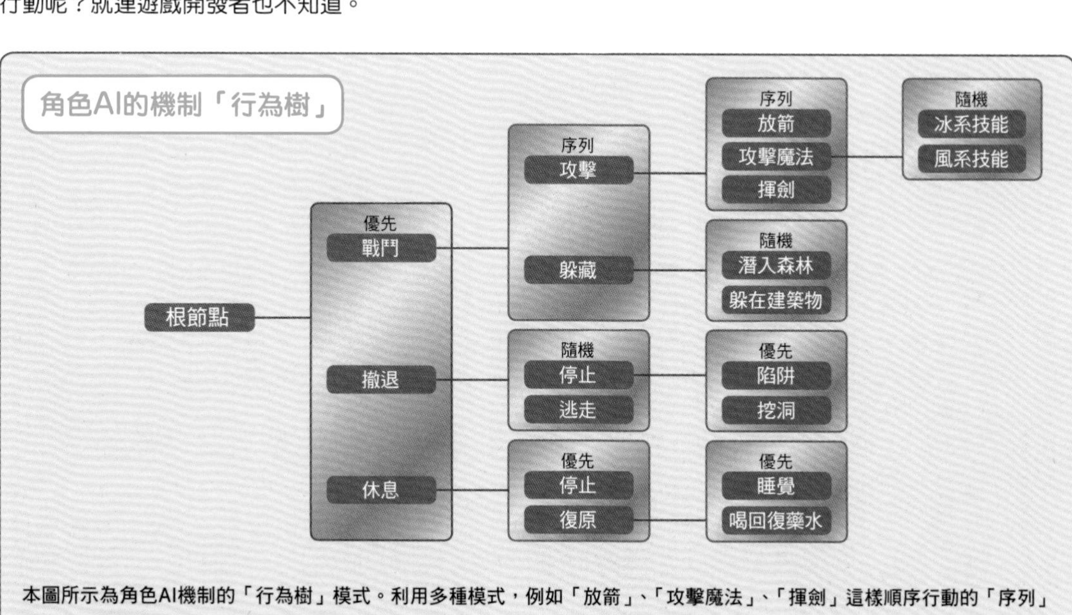

本圖所示為角色AI機制的「行為樹」模式。利用多種模式，例如「放箭」、「攻擊魔法」、「揮劍」這樣順序行動的「序列」模式，或者因應狀況選擇優先度最高的行動「優先」模式，或者從若干個候選行動項目中任意選擇某項行動的「隨機」模式等等，建構出角色的實際行動。

由AI代替人員檢查道路、橋梁的龜裂

道路、橋梁、隧道等等建造完工，歷經長久歲月之後，如果放著不予保養維護，恐怕會劣化或損傷，易導致重大事故。因此，必須進行檢查及維修。但是，擁有經驗及專業知識的人手往往不足，因而成為重大的課題。

為此，研發人員開發了一個新系統，讓AI代替人員偵測表面的龜裂。這個系統是日本新能源產業技術綜合開發機構（NEDO）的一項計畫[※1]，由產業技術綜合研究所、東北大學、首都高技術股份有限公司合作開發。

首先，收集過去進行橋梁、隧道等檢查作業時所拍攝之混凝土表面龜裂的大量影像，把這些資料和專業人員所製作的正確解答資料一起提供給AI。

利用機器學習，使AI依據各種狀態的混凝土表面影像，獲取龜裂特有的微細樣式。把AI訓練成即使是由於損傷、髒汙、潮溼等因素而難以發現龜裂的表面，也能從中偵測出來。

訓練的結果，AI能以80%以上的精確度偵測出寬度0.2毫米以上的龜裂。如果使用傳統的偵測方法來尋找相同的龜裂，正確率只有12%左右。由此可知，使用AI後的精確度相當高。

那麼，作業員實際上是如何使用這個AI的呢？

將AI放置在雲端[※2]上。作業員抵達現場後，只須使用數位相機及智慧型手機等工具，拍攝混凝土表面即可。將拍攝到的影像傳送給雲端上的AI，由AI進行影像分析，然後如下圖所示一般，標示出AI在影像上偵測到的龜裂紋路，傳送給現場的作業員。

利用這個系統，即使缺乏豐富經驗及專業知識的作業員，也能夠進行龜裂的偵測作業，而且能夠大幅縮短檢查作業的時間。

※1：基礎建設的維護、管理、更新等社會課題的對應系統開發計畫（2014年度～2018年度）

※2：雲端運算（cloud computering）的簡稱，意指利用網際網路連結各種裝置，而能夠共享運用伺服器及應用軟體等各種服務的形態。

使用AI進行診斷提高正確率

圖示為使用傳統方法和利用AI偵測混凝土表面龜裂的比較結果，紅線為龜裂的部分。
傳統方法有許多誤檢情形，藉由AI協助診斷，可使正確率提高。

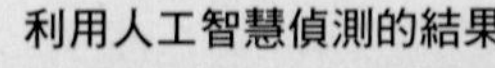

利用人工智慧偵測的結果

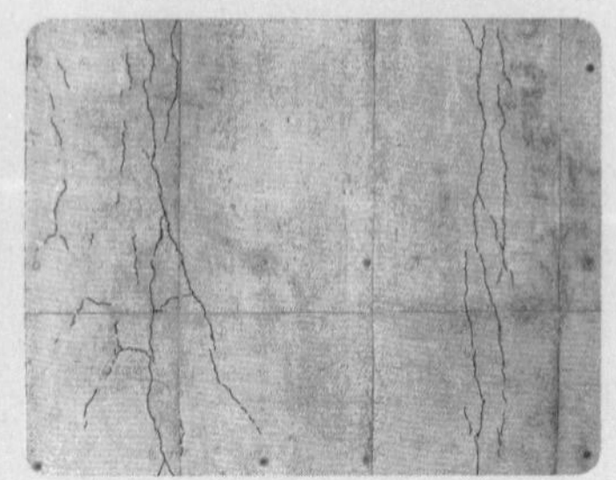

使用傳統方法偵測的結果

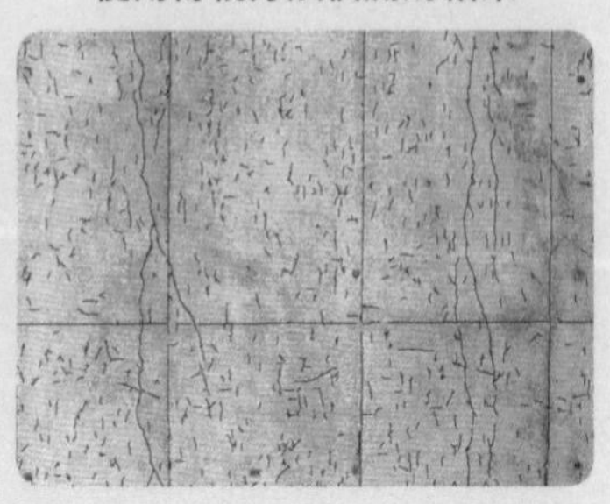

熟練的作業員人手不足，劣化及損傷檢查作業不易

高速公路、橋梁、隧道等在建造完成，歷經長久歲月之後會逐漸劣化、損傷。這種劣化及損傷的檢查，需要具備豐富經驗和專業知識的作業員。例如，在檢查混凝土表面的龜裂時，作業員在現場把龜裂的模樣描畫在筆記本上。然後據此繪圖製作記錄龜裂模樣的電子資料，用來進行修補等作業。但是，長年飽受風雨侵蝕的混凝土表面上，通常會有損傷、髒汙、雨水及排水等造成的潮溼等等，不容易正確地偵測出龜裂。再加上，熟練的作業員人手也不足。

註：本頁的橋梁相片與左頁橋梁損傷（龜裂）相片無關。

學習大量實驗資料的AI 提出更優異的材料選項

在材料開發的領域，AI也發揮了強大的威力，使新材料的探索更具效率。

其中一個例子，就是使用新材料製成的「隔熱材料」(thermal insulating material)。

對於汽車及飛機引擎這類在高溫環境中運作的零組件而言，隔熱材料是不可或缺的配件。在這種場合所使用的隔熱材料，主要是混合 2 種金屬或金屬氧化物之類的無機材料製成。但是，什麼樣的組合才能製造出優異的隔熱材料呢？以目前的技術來說，材料研究人員必須實際製造看看才會知道。這是因為 2 種材料的密度、熔點、結晶構造（原子配列方法）及原子彼此間的結合強度等各種要素，都會影響隔熱的性能。

把組合材料的要素和製成隔熱材料的性質連結起來的法則過於複雜，人類無法理解。但是，如果利用AI，能依據數量龐大的資料而自行找出各種關聯性，便能夠預測可能的材料組合。日本物質材料研究機構（National Institute for Materials Science，NIMS）的徐一斌博士，便成功地利用AI製造出具有優異隔熱性能的材料。

徐一斌博士從過去的論文挑選出456種隔熱材料，讓AI學習各個隔熱材料的隔熱性測定值，以及製成隔熱材料的 2 種材料特性等等資料。這麼一來，AI便能以高精確度預測由各種材料製成的不同隔熱材料所具備的隔熱性能。先從大約 8 萬種的材料組合當中，預測隔熱性能可望達到最高的組合。再從候選組合當中，選出矽（Si）和鉍（Bi）這個組合。經過合成之後，果然顯示出具有高水準的隔熱性能。

AI掌握人所未知的可能性，提出新材料

依照AI所提議的矽、鉍組合，創造出隔熱性能更優異的材料。下方照片所示為使用「穿透式電子顯微鏡」（transmission electron microscopy，TEM）所攝得的隔熱材料截面影像。由照片可知，這種材料在矽中分布著鉍的小團塊，其獨特結構帶來高水準的隔熱性能。

使用TEM拍攝的隔熱材料截面影像

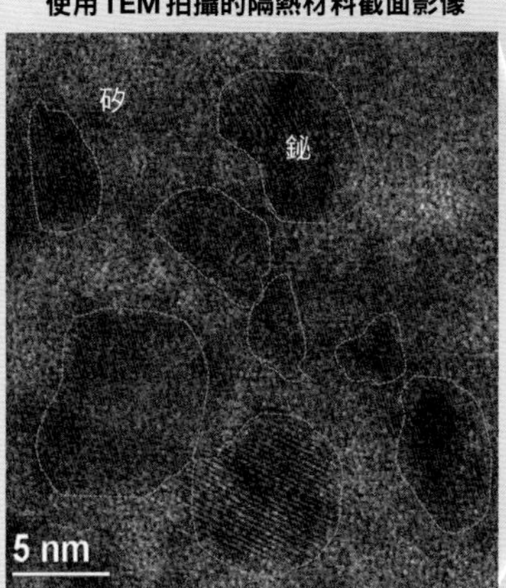

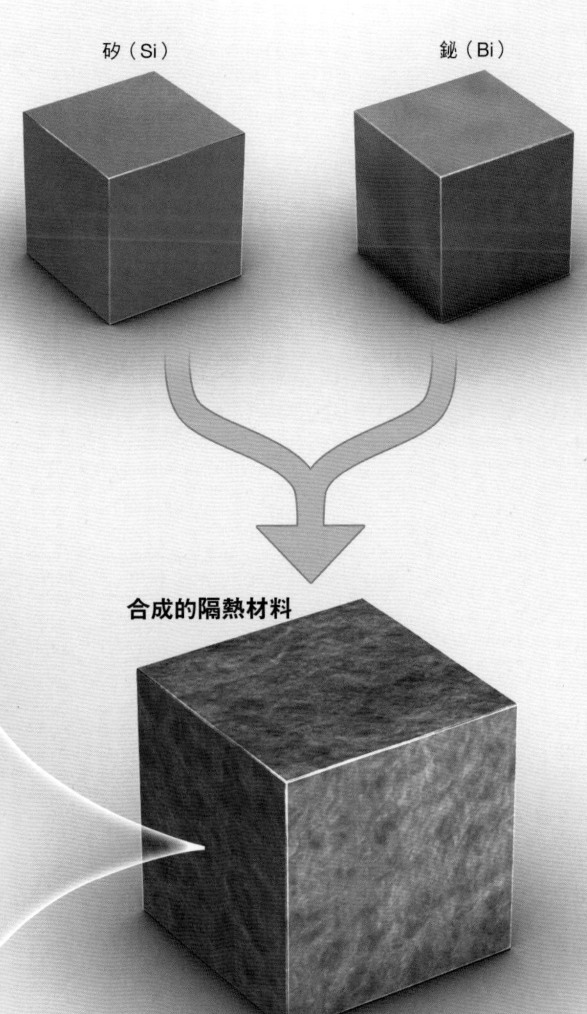

利用AI發現隱藏的系外行星

2017年12月4日，美國航空暨太空總署（NASA）和美國網際網路相關企業Google聯合宣布，讓AI學習克卜勒太空望遠鏡觀測到的資料，藉此發現位於太陽系外的行星「Kepler-90i」。

Kepler-90是位於天龍座方向上，距離地球2545光年的恆星（本身發光的星球）。我們原本已知這顆恆星擁有7顆行星（在恆星周圍繞轉的星球），但在發現Kepler-90i之後，才知道它和太陽系一樣擁有8顆行星。

AI是如何發現這顆行星的呢？

當行星橫越恆星和地球之間的時候，從恆星傳來地球的光會稍微變暗。把這個減光作為訊號進行觀測，再加以分析，就有可能發現行星。

克卜勒太空望遠鏡從2009年起花了4年左右的時間，觀測大約3萬5000個減光訊號。但由於這些訊號也包含了雜訊，所以天文學家必須判別它是「真訊號」（真正來自行星的訊號）還是「偽訊號」。尤其是訊號強度十分微弱的情況，會強烈地受到雜訊影響，導致分析作業非常困難。因此，在以往，會排除訊號強度不足的資料而不予分析。

NASA和Google的研究團隊首先取出過去克卜勒太空望遠鏡觀測到的資料，將其中大約1萬5000個已分析完畢的訊號分類為「真訊號」（真正來自行星的訊號）和「偽訊號」，提供給AI學習。學習的結果，AI能以96%的正確率判別真偽。

把以往因為強度太弱而遭到排除的資料交由AI進行分析，結果找出9個系外行星的候選者。接著由NASA的天文學家對這些候選者做進一步的分析，結果判斷其中2個訊號為實際行星所發出，分別是「Kepler-90i」和環繞另一個恆星運轉的「Kepler-80g」。

我們相當期待未來能夠使用AI來找尋到更多的天體。

Kepler-90行星系

註：行星的大小乃按比例尺繪製，但與恆星的距離則不是。

太陽系

判別真訊號及偽訊號

和太陽系一樣擁有8顆行星的Kepler-90行星系想像圖（最上方）和太陽系（上方）。新發現的Kepler-90i是從內側算起第3顆行星。在Kepler-90周圍而名稱後面編為b～h的7顆行星，均屬前已發現者，所以將新發現的行星編為i。

專欄 COLUMN 克卜勒太空望遠鏡

美國於2009年3月發射的太空望遠鏡。觀測對象只針對天鵝座的有限區域。即使如此，也發現了2600多顆系外行星，其中包括許多類地行星（terrestrial planet）。由於姿勢控制火箭的燃料耗盡，在2018年11月停止運作。

因AI技術而擁有「眼睛」和「耳朵」的機器人登場了

說到機器人，你會聯想起什麼東西呢？是形狀像人的機器嗎？還是在工廠裡製造商品、搬運貨物的機器呢？又或是像哆拉A夢那樣具有人類智慧的機器人呢？

機器人這個名詞並沒有明確的定義，依照場合有各種形式的用法。廣義來說，機器人是指藉由編定程式而能自動進行特定作業的機器。依照這個意義來說，前面所介紹的智慧型音箱、自動駕駛汽車，及「AlphaGo」之類的AI程式，也全都可以稱為機器人。

另一方面，研究機器人的主要領域乃屬與機器之物理性動作相關的項目。例如，用於依循程式而能精確移動手腳的控制技術，以及用於偵測溫度、振動、物體位置等外界資訊的感測器技術等等。

如今，研究人員正進一步研究，試圖把這樣的機器人技術再搭配AI技術──例如運用深度學習的影像辨識AI，這也可以說是使機器人擁有「眼睛」的技術。再如讓工廠內的手臂型「產業用機器人」能自行辨識物體而精巧地抓取物體，這樣的產品現在已經開發出來了。

此外，也在逐步開發賦予「耳朵」功能的語音辨識AI、讀取人類情緒的情緒辨識AI等等。把這些AI技術陸陸續續地加到機器人功能裡，或許會使機器人越來越接近人類吧！

但是，只憑這些技術就想讓機器人像人類一樣「自行」判斷某個場合應該做什麼事或採取合適的行動，恐怕還很困難。

例如，想要開發出能掌握家裡格局，靈巧地使用多種器具，並且在遇到突發狀況時能彈性應對的「家務機器人」，必須先開發比現有技術更進步的技術才行。

辨識人類情緒的AI機器人

日本軟體銀行機器人公司（SoftBank Robotics）開發的人形機器人「Pepper」，已經運用於家庭、商店等各式各樣的場合。Pepper配備有情緒辨識AI，能讀取眼前人的情緒，也能依照狀況表達自己的情緒。此外，也能利用影像辨識AI認出眼前人是誰，利用語音辨識AI與人進行對話。

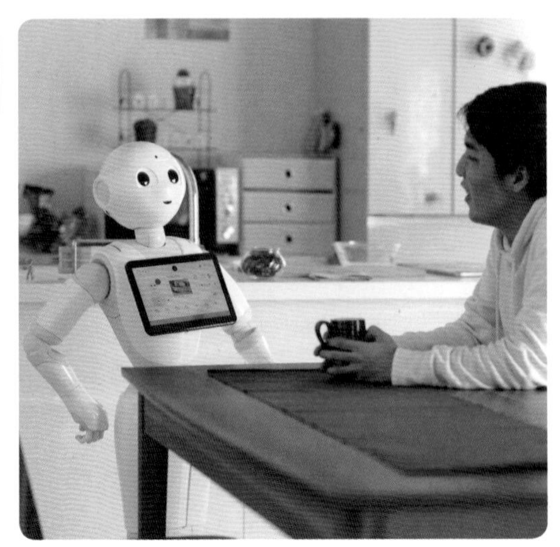

在社會各個角落活躍的AI機器人

產業用機器人

在工廠裡代替工人從事各項作業的機器人，一直以來都很活躍，不過令人感到意外的是，對於機器人來說，「抓取物體」這個動作十分困難。而且，要把這種精密的動作全部編寫為程式，更是件很不容易的工作。因此，最近開始有人利用影像辨識AI，讓機器人辨識物體且自行學習「好好抓取物體的方法」。

無人機

利用遙控操作及自動控制而得以飛行的機器人，可以飛到人類無法親臨目視的地方，進行檢查等作業。在農業方面，可以把無人機從上空拍攝的農場影像，交由AI做即時的分析，有效率地進行噴灑農藥、施肥等各項作業。

自動搬運機器人

在物流倉庫等處作業的機器人，會依照訂單的內容，自動搬運預定出貨的商品。利用AI把庫存位置及出貨順序做最適當的安排。

專欄 COLUMN 收拾房間的AI機器人

相片所示為Preferred Networks開發的「全自動收拾機器人系統」。利用語音辨識理解人類的話語，並利用影像辨識靈巧地抓取物體。例如，下達「收拾萬能筆」（magic pen）的命令，它就會撿起掉在地板上的萬能筆，放到預先指定的位置。此外，如果指著另一個地方，告訴它「還是放到那邊的箱子比較好」，它也能變更預定的程序，把萬能筆放在新指定的地方。

※：使用豐田汽車公司開發的「生活支援機器人」HSR（Human Support Robot）。

COLUMN

這個故事結局提示我們理解「何謂AI」

描寫AI的科幻題材不計其數。例如，日本所創作的家喻戶曉漫畫角色「哆拉A夢」和「原子小金剛」，簡直就是配備了AI的機器人。此外，美國拍攝的《魔鬼終結者》（The Terminator）、《駭客任務》（The Matrix）等科幻電影中，AI也有現身。在這兩部電影中出現的AI，都是以消滅人類為目的的「壞人」。

在描寫未來的科幻作品中，AI可以說是不可或缺的角色。那麼，要怎樣才能實現這些作品中所登場具有意志的「真AI」，呢？此外，現今已經存在的實用性AI，究竟和「真AI」有什麼差別呢？不少科幻作品對這個問題本身做了深入探討，其中之一就是《人造意識》（Ex Machina）這部電影。

從AI機器人「測試」開始的懸疑劇情

簡單介紹一下《人造意識》這部電影的情節概要。男主角加勒在一家以搜索引擎聞名的IT企業「藍書」（Blue Book）擔任程式設計師。有一天，他抽中公司內部的「幸運大獎」，可以前往老闆納森的別墅度假一個星期。

納森的別墅座落於廣闊的山岳地帶深處。加勒受到納森的委託，協助他對製作中的AI機器人進行「杜林測試」。AI機器人的名字叫「艾娃」，外形是一名年輕女性。身體大部分是機器的模樣，但表情和說話就像人類一樣的自然。加勒為了辨別艾娃是否為「真AI」，開始和艾娃對話。但劇情立刻出現了意想不到的發展。

杜林測試原本是一項關於人工智慧的測試※，人類利用文字與電腦進行對話，如果人類不能識破談話的對方是機器，就認定那部機器具有和人類同等的智慧。也就是說，在進行這項測試的過程中，將對方是機器這件事予以隱瞞。但是，這和納森提出的測試並不一樣。納森說：「這是一項就算看到了機器人的模樣，也會感覺它是人類的測試。」

這部作品的主題，就是「AI究竟是什麼」這個問題。而且，故事的結局也可說是對「何謂AI」這個問題的一個提示。

在這部電影中，除了杜林測試之外，還有許多在理解AI上相當重要的關鍵字詞，包括「瑪麗房間」（Mary's room）的意想實驗（thought experiment）、意識的有無、利用搜索引擎的大數據製造出AI的「思考」等等。

※杜林測試的詳細介紹請參閱第24頁。

※瑪麗房間：假設瑪麗是一位科學家一直生活在只有黑白兩色的房間中，對於顏色只具有知識，而未曾看過。當她來到外面世界實際看到了各種「顏色」之後，會不會學到新的知識呢？這種意想實驗又稱為「知識論證」（knowledge argument）。

「人造意識」

這部由英籍導演嘉蘭（Alex Garland，1970～）所編劇及執導的電影，2015年上映，獲得第88屆奧斯卡金像獎最佳視覺效果獎。「人造意識」的英文名稱「Ex Machina」在拉丁語中意謂「來自機器」。

當AI逐漸進入我們的生活中

上圖為AI機器人進到生活中，成為我們日常所見風景，甚至取代大量人力的示意圖。如果未來科技真的發展到實現真正的AI，可能許多人就會擔憂「如果AI變得比人類聰明該怎麼辦？AI會不會傷害人類？要如何判定道德等問題？」這個主題將會在第八章仔細探討。

而除了左頁提到的《人造意識》這部電影，也有許多電影以人工智慧為主題，探討我們與AI相處的未來，例如在2001年的《A.I.人工智慧》（A.I. Artificial Intelligence）內容描述機器人小孩尋求自我之旅，有感情的機器人到底是人？還是機器人呢？而2004年由普羅亞斯執導的《機械公敵》（I, Robot）探討人性與資安問題，曾掀起一陣討論風潮，是非常經典的作品；在科技發達的現在，人際關係逐漸疏離冷漠，2013年上映的《雲端情人》（Her）想必讓大家印象深刻，人到底有沒有辦法跟AI談起戀愛，發展親密關係呢？在期待與AI共存的同時，還有許多議題待討論跟釐清！在此介紹多部跟AI有關的電影，有興趣的讀者可自行觀賞，也適合家長、教育工作者跟孩子一起討論，激發更多想像與可能性！

7

AI的弱點與通用型AI

AI weaknesses and Artificial General Intelligence (AGI)

AI進入社會必須具備的6項能力

未來AI想必會更加理解動作及言語，在社會中也更加活躍。

那麼，AI會在什麼時候獲得什麼樣的能力？它的預測發展藍圖如下圖所示。

第一項能力為「辨識影像所顯示的東西是什麼」。由於深度學習的出現，目前已經達到不遜於人類的精確度，未來仍將繼續提升。

AI接著將會獲得的第二項能力為「利用多種感覺資料掌握特徵」。就像一聽到「春天」，就會聯想到春暖花開，我們不只利用視覺資訊，也會利用溫度、聲音及氣味等多種感覺資訊，建構出春天的概念。預料AI也將

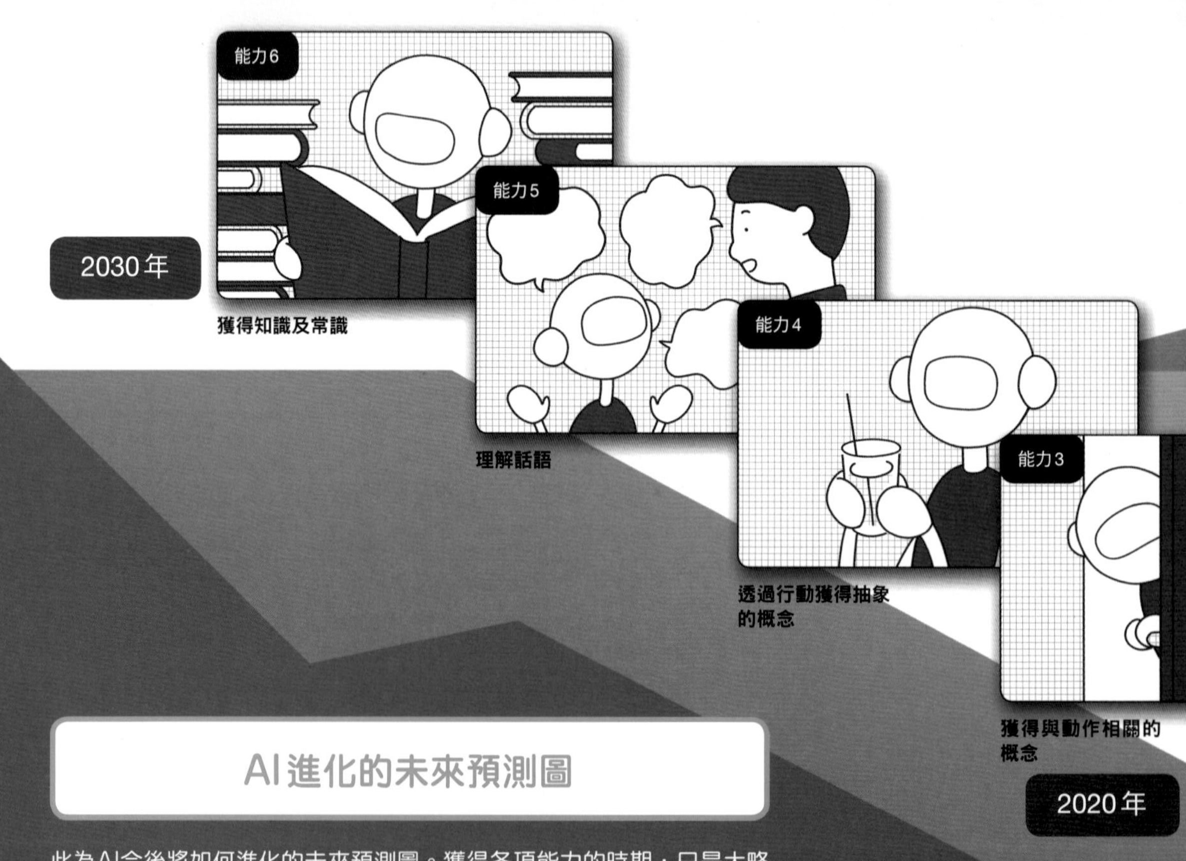

AI進化的未來預測圖

此為AI今後將如何進化的未來預測圖。獲得各項能力的時期，只是大略的預測。AI每獲得一項新的能力，活躍的領域就有可能更加擴展。尤其是與動作相關的概念，可以說是機器人在人類社會中實際行動的必備能力。

會把視覺資訊和溫度、聲音等資訊組合起來，藉以理解抽象的概念。

在下一個階段，AI的第三項能力可能是「獲得與動作相關的概念」。例如「打開門」是將自己的動作（例如推門）及其帶來的結果（門向外開）組合在一起，如果沒有具備這樣的動作概念，機器人就無法擬訂例如「打開門，前往隔壁房間」的行動計畫。

能夠自己行動的機器人，在現實世界中逐漸累積了各式各樣的經驗之後，將能獲得第四項能力「透過行動獲得抽象的概念」。例如，藉由實際觸摸各種材質的杯子，或杯子掉在地上破掉的經驗，而獲得「玻璃杯是硬的」這個抽象概念（感覺）。這樣的感覺對和人類一起生活以協助家事或照護等作業的機器人來說，是不可或缺的。

再接下來就是「理解話語」的能力。現今，語音辨識及自動翻譯等與語言有關的技術已經相當進步了，但是還無法像人類一樣理解話語。如果能夠理解話語，AI便能從網際網路上的資訊等等「獲得知識及常識」，也就是第六項能力。再進一步，理解人類的心理並產生共鳴之類的事情，應該也是有可能做到。

會被AI取代的工作和不會被AI取代的工作

我們的工作會不會被AI取代？這個議題可謂相當熱門。而引起最大回響的，當屬在第３次AI繁榮期來臨後的2013年，牛津大學研究員佛雷（Carl Benedikt Frey）和奧斯本（Michael A. Osborne）發表的一篇論文《就業的未來》（The Future of Employment）。這篇

會被AI取代的工作TOP30

排名	工作	排名	工作
第1名	電話行銷員	第16名	接單人員
第2名	不動產登記的審查與調查	第17名	貸款融資承辦人
第3名	手工裁縫師	第18名	汽車保險鑑定人
第4名	使用電腦收集與加工資料	第19名	運動裁判
第5名	保險業者	第20名	銀行櫃員
第6名	鐘錶修理師	第21名	金屬木材等等腐蝕加工與雕刻業者
第7名	貨物搬運工	第22名	包裝機與填充機操作員
第8名	稅務申報代辦人	第23名	調貨員（採購助理）
第9名	底片攝影的顯影技師	第24名	貨物的發送與接收人員
第10名	銀行新帳戶開戶櫃員	第25名	切削與加工操作員
第11名	圖書館管理員的助理	第26名	金融機構的信用評估人員
第12名	資料輸入作業員	第27名	零件銷售員
第13名	鐘錶的組裝及調整師	第28名	產物保險的清算人、查核人、調查員
第14名	保險金申領與保險契約代辦員	第29名	營業銷售人員與配送人員
第15名	證券公司的一般事務員	第30名	無線通訊人員

資料出處：「*The Future of Employment: How Susceptible are Jobs to Computerisation?*」Carl Benedikt Frey *et al.*（2013）、《人工智慧會超越人類嗎？》松尾 豐（角川EPUB選書）

什麼樣的工作在不久的未來會被AI取代？

論文依據自創的指標，推估702種工作在未來10～20年會被AI取代的機率。下圖所示為其中機率較高的30種工作和機率較低的30種工作。

在會被AI取代的TOP30當中，以手工操作居多，相較之下業務內容較為單純的工作，例如電話行銷人員、銀行櫃台人員等等。依據規則照章行事，這正是AI擅長的領域。

另一方面，在不會被AI取代的TOP30當中，則包含許多諸如顧問、心理學家等與心智有關的工作，以及醫師、教師等必須與人對話的工作。AI往往被籠統地認為是「萬能者」，但其實還有很多不擅長的領域。

18世紀開始啟動的產業革命，導致許多工作被機器取代的同時，也誕生了許多與製造、整備機器有關的新工作。因此，有些研究者認為，現在的「AI革命」也和產業革命一樣，工作的總量可能不會有巨大的改變。

不過，也有些研究者認為，畢竟還是會有許多工作減少或消失，導致社會結構的重大變化。人類能否與AI共存共榮，建構光明的未來呢？誰也不敢打包票。

不會被AI取代的工作TOP30

名次	工作	名次	工作
第1名	休閒治療師※1	第16名	校務人員
第2名	整備、設置、修理的第一線監督者	第17名	心理學家
第3名	危機管理負責人	第18名	警察及刑事第一線監督者
第4名	心理健康與藥劑社會工作人員	第19名	牙科醫師
第5名	聽覺訓練師	第20名	小學教師（特殊輔導教育除外）
第6名	職能治療師※2	第21名	醫學家（疫學家除外）
第7名	牙齒矯正師、假牙技師	第22名	中小學的教育管理者
第8名	醫療社會工作者	第23名	足科醫師
第9名	口腔外科醫師	第24名	臨床心理醫師（學校）諮詢師
第10名	消防與防災的第一線監督者	第25名	心理諮商師
第11名	營養師	第26名	紡織品與衣服打樣師※3
第12名	住宿設施管理人	第27名	舞台與展示的美術設計師
第13名	編舞師	第28名	人資主管
第14名	銷售工程師	第29名	休閒工作者
第15名	內科醫師、外科醫師	第30名	教育研修主管

※1：休閒治療師（recreation therapist）是指導身心障礙者透過遊憩進行復健的專業工作者。
※2：職能治療師（occupational therapist）是指導身心障礙者透過生活中的動作及作業等進行復健的專業工作者。
※3：打樣師（patterner）是依據設計圖製作紙型樣版的專業工作者。

上表所示為根據2013年發表的論文，在10～20年後很可能會被AI取代的工作前30名，和不太可能會被AI取代的工作前30名。據估計，左頁所列的30種工作，被AI取代的機率達98%以上，右頁所列的30種工作，被AI取代的機率則不到1%。

AI很難「適當地思考」

雖然AI逐漸取代了人類的部分工作，但要成為和人類同等智慧的「萬能機器人」，在現階段還有很長遠的路要走。

AI的「弱點」之一，在於「框架問題」(frame problem)。所謂框架問題，是指AI只能在既定的框架之中，妥適地處理接收到的命令。

以下為美國哲學家丹尼特(Daniel Clement Dennett，1942～)利用意想實驗所顯示的框架問題其中一例。實驗假設，命令一個配備AI的機器人進入一個洞穴中，把洞內的一個電池搬出來。不過這個電池上面放著一個定時炸彈。

首先向1號機器人下令：「把電池搬出來！」這麼一來，由於AI機器人會把定時炸彈也一起搬出來，導致爆炸發生。

接下來向2號機器人下達命令時，另外補充：「在採取任何行動之前，也要考慮因此而導致發生的2次性要素。」如果機器人能理解若搬出電池，則定時炸彈也會跟著一起搬出來的這個「2次性要素」，AI機器人應該就能好好地只把電池搬出來。

但是，2號機器人走到電池前面就停住不動了。如果把電池拿起來的話，洞頂會不會塌下來呢？踏出一步的話，牆壁會不會變色呢？……它游移不定地東想西想。對人類來說，依常識即可理解「哪一項要素與這次的命令有關」，AI機器人卻搞不清楚。

因此對3號機器人下令：「在分辨與命令有關的事物和無關的事物之後，就採取行動！」結果，AI機器人在進入洞穴之前就站住不動了。因為在它周圍有許多和命令沒有關係的事物，例如空氣的成分、牆壁的顏色、太陽的位置……，使得它一直處在分辨不停的狀況。

AI無法做到「適當地思考」，對於沒有框架或是規則的問題，它會做所有的推論而持續無數地思考。以上所述就是所謂的框架問題。

AI不知道應該思考到什麼程度

圖示為命令AI機器人搬出附有定時炸彈之電池的意想實驗。1號機器人把電池連同定時炸彈一起搬出，導致爆炸。2號機器人站在電池前面，一直在思考「2次性要素」，始終下不了手。3號機器人則站在洞穴前方，不停地分辨「和命令有關及無關的事物」，也是遲遲無法採取行動。如果無法解決這個框架問題，AI可能就無法具有和人類同等的智慧。

連同定時炸彈一起搬出來的1號機器人

把電池拿起來，洞頂會不會塌下來呢？
如果移動電池，炸彈會不會爆炸呢？
碰到炸彈的話，電池會不會壞掉呢？
把炸彈放在地上，洞穴會不會垮下來呢？
踏出一步的話，洞壁的顏色會不會改變呢？
1 分鐘之後，炸彈會不會啟動呢？
踩踏前方的地面，地面會不會陷下去呢？
……

2:08

BATTERY

站在洞穴前方的 3 號機器人

站在電池前的 2 號機器人

AI的另一個弱點是「符號接地問題」

想像一下，對不認識斑馬的孩子和AI個別說明：「斑馬是具有斑紋的馬。」這麼一來，即可明白人和AI在「理解語言」上的根本性差異，同時也突顯AI除了框架問題之外的另一個「弱點」。

在孩子這邊，如果根據以往的經驗，已經知道了「馬」和「斑紋」的意義（獲得了概念），就會自然地想像出具有斑紋的馬是什麼樣的動物。而當他在動物園看到活生生的斑馬時，就會思考：「這就是那個斑馬吧！」於是，孩子理解了這個新語詞的意義，並獲得概念。

那麼，在AI這邊呢？現在的AI還只是電腦上的程式而已，關於馬亮麗的毛色、結實的肌肉、響亮的嘶鳴聲等等，並沒有實際看過或聽過。AI只是把「馬」和「斑紋」這兩個語詞單純地當成電腦上的符號（文字列）來認識而已。

在這樣的狀態下，即使告訴它「斑馬是具有斑紋的馬」，藉此把語詞連結在一起，也只是創造出新的符號而已。也就是說，AI無法像人一樣理解真實世界中「斑馬」的真正樣貌。

這個「弱點」意味著符號並沒有和真實世界的意義直接連結在一起（沒有接地），所以稱之為「符號接地問題」（symbol grounding problem）或「符號奠基問題」。

專欄 COLUMN 如果AI擁有「身體」，就能理解言語的意涵？

若要使AI具有與人類同等的智慧，則符號接地問題將是必須解決的一個課題。也有研究者認為，若要把AI從「符號的世界」抽出，則必須給予AI與人類同等大小的身體，配備與人類眼睛及耳朵等感覺器官類似的感測器，並且讓AI與人類同樣地體驗真實世界。甚至有人主張，使AI具有「身體性」不只能解決符號接地問題，也有助於解決框架問題。

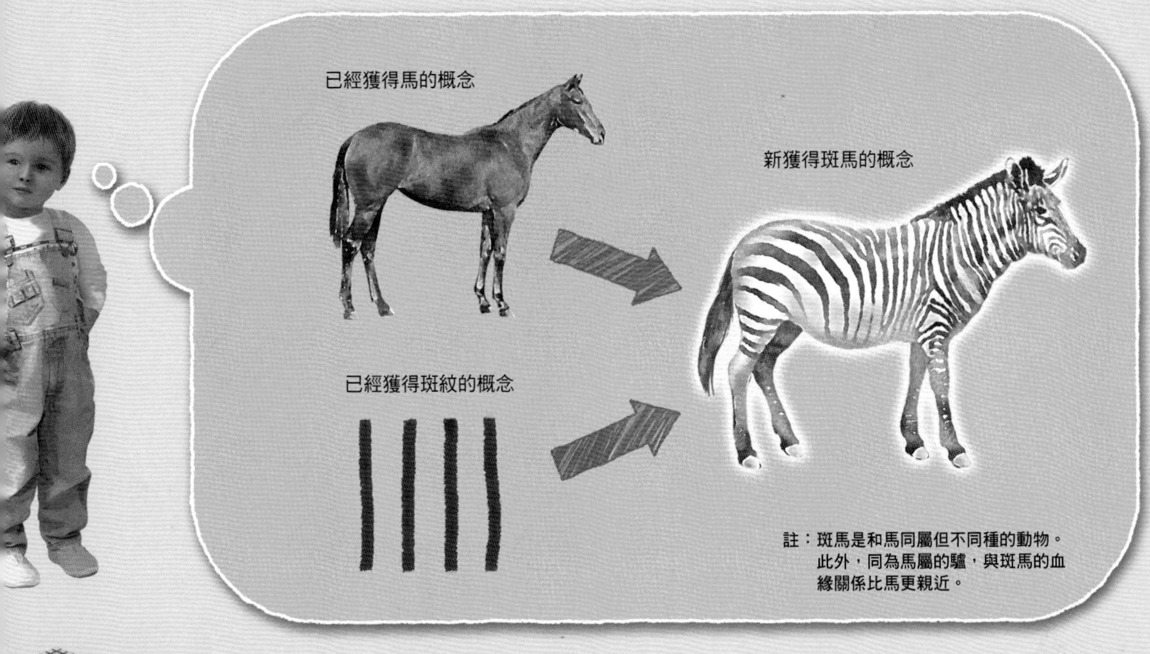

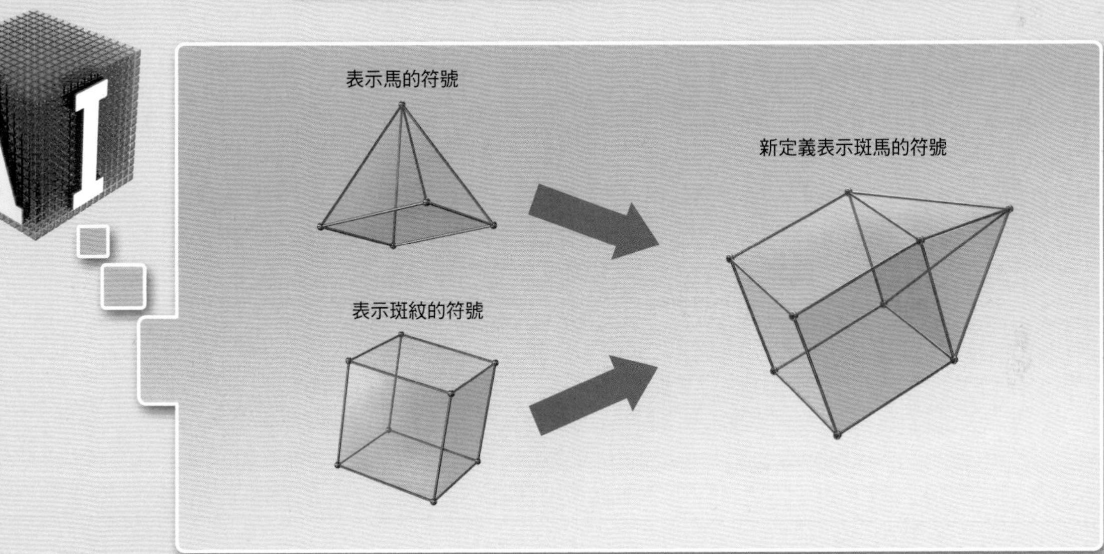

孩子和AI理解方式的差異

圖示為把「斑馬是具有斑紋的馬」這件事告訴孩子和AI的時候，兩者「理解」方式的意象。孩子能把已經獲得的「馬」和「斑紋」概念組合在一起，藉此獲得「斑馬」的概念。另一方面，AI則是把一切都當成符號來認識，並無法理解新定義的「斑馬」這個符號所具有的真正意義。這稱為符號接地問題。

參考：《人工智慧會超越人類嗎？》松尾 豐（角川EPUB選書）

會創作俳句的AI能具有「創造性」嗎？

俳句是日本獨有的短詩格式，以五、七、五共三句十七個音組成。在日本，也有人試著讓AI創作俳句。

有一個稱為「AI一茶君」的AI，能創作出不比作家遜色的俳句。儘管不理解語詞的意義，AI仍能創作出打動人心的俳句，這是如何辦到的呢？

「AI一茶君」利用深度學習的技術，預先學習過去人們創作的50萬首俳句，依據這項學習，掌握俳句語詞的篩選特徵。當它在創作俳句時，首先隨機選取第一個單詞。然後，把這個單詞後面可能會連接什麼單詞或單字，依照「出現機率」一一列舉出來。

在考量機率的同時，利用亂數選出下一個單詞或文字之後，接著又列舉出再後面可能會連接的單詞或文字。就這樣，一步步串連成句子，然後挑出符合「能以17個音吟詠」、「只含一個季節用語」等條件的句子，作為最終創作的俳句輸出來。

一茶君能在瞬間創作出大量的俳句，但光是這樣，其中會出現許多意義不明的俳句。因此，還必須具備「俳句評價機能」。把預先加上評分的俳句提供給AI學習，然後以「什麼樣的俳句容易獲得人們的認同」作為指標，給俳句評分。再從依照這項評價獲得高分的句子當中，挑出最終中選的俳句。

由於評價的精確度還不高，很多時候是由人來篩選句子，但一茶君終究創作出一些「好俳句」。右頁列舉的5首俳句都是一茶君創作的作品，其中尤以左起第一首和第二首獲得俳句詩人極高的評價。

「AI一茶君」創作俳句的程序

所謂俳句是使用五七五共17個音，巧妙地表現充滿季節感的景色或豐富心情的短詩。有些俳句是自由發揮的即興之作，而此處則是按指定相片所創作出來的俳句。

作為題目（動機）的相片

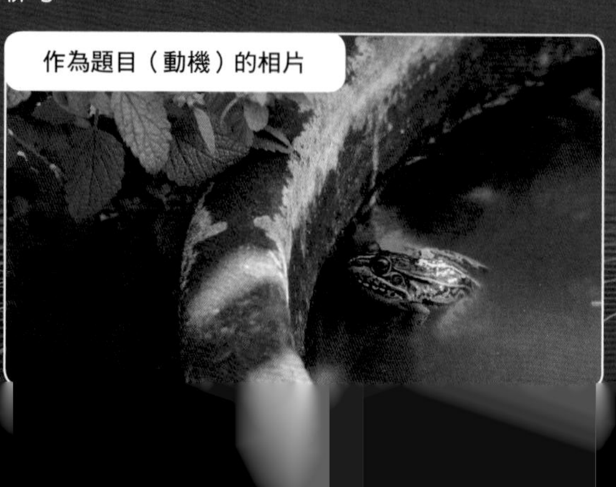

選擇單詞及文字

▼ 依照畫面選擇不超過五或七音的單詞。

使用俳句篩選器進行挑選

▼ 使用「俳句篩選器」，從候選的單詞中選出滿足若干個條件（例如是否含有一個季節用語等等）的單詞。

計算與題目相片的契合度

▼ 選出與題目相片的契合度高的俳句。

產生俳句

「AI一茶君」創作的俳句

「AI一茶君」是北海道大學川村秀憲博士等人開發的成果。一茶君大量學習過去的俳句作品，藉此創作出新的俳句。以下五首是一茶君創作的俳句。

てのひらを隠して二人日向ぼこ

唇のぬくもりそめし桜かな

初恋の焚火の跡を通りけり

白鷺の風ばかり見て畳かな

裏方の僧が動きて麦の秋

※：俳句是日本古詩體，在此僅略作中譯。左自右的大致意思分別是：（僧人漫步於初夏的金黃麥浪中）；（坐臥榻榻米上欣賞乘風展翅的白鷺）；（走過充滿青澀初戀回憶的地方）；（柔軟唇瓣的溫潤色澤猶如櫻花般）；（兩人手牽手沐浴在冬日的暖陽中）。

SECTION 67

AI有「專用型AI」和「通用型AI」兩種

Applied AI / AGI

專用型AI／通用型AI

「專用型AI」和「通用型AI」的差異

左頁所示為「專用型AI」的例子，右頁所示為「通用型AI」的例子。目前還沒有任何AI能稱為通用型AI，許多研究者正在孜孜不倦地研究以求實現。

配備於智慧型音箱的AI

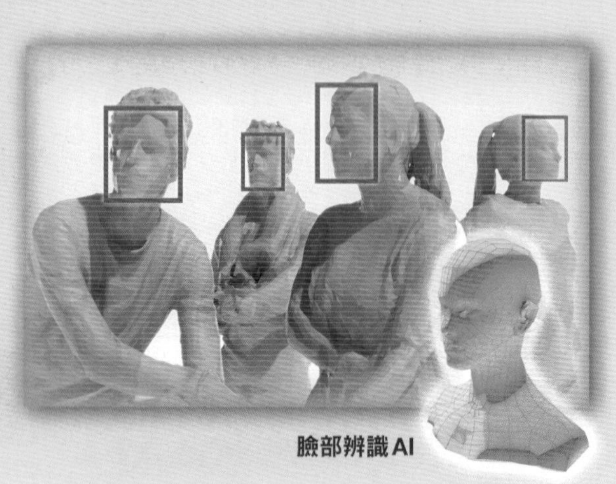

臉部辨識AI

專用型AI

專門為了解決圍棋、自動駕駛、臉部辨識等特定課題而設計的AI，稱為專用型AI。由於課題是預先設定的，所以專用型AI比較容易設計，也比較容易評價性能。

自動駕駛AI

圍棋AI

AI分別有「專用型AI」和「通用型AI」兩種，目前社會中活躍的AI都是「專用型AI」。

專用型AI只能夠處理設計者預先設定的特定課題，例如，專門用於自動駕駛的AI、專門用於影像辨識的AI等等。相對地，能夠應對沒有預設、未知課題的AI，則稱為「通用型AI」。

例如，AlphaZero雖然會下圍棋，也會下將棋和西洋棋，但是它是專門用於棋盤遊戲的AI，所以不會駕駛汽車。另一方面，通用型AI則能處理「家事」、「診察病患」等廣範圍的複雜工作，萬一發生突發性的事態也能彈性應對。

AI原本的含意是「能和人類一樣思考的智慧型電腦」。這種通用型AI才可說是仿效人類的人工智慧，也就是真正意義上的AI。

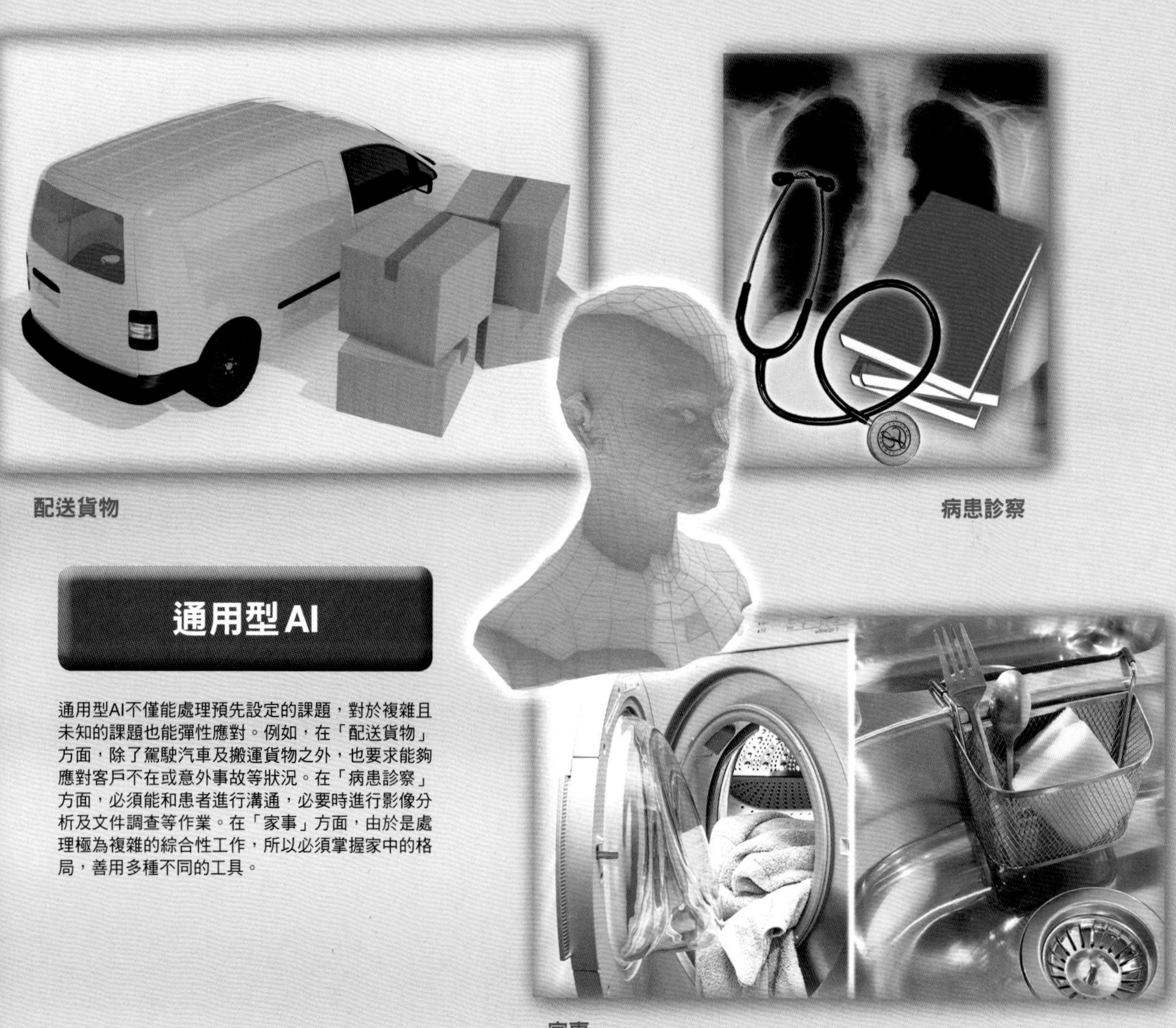

配送貨物

病患診察

通用型AI

通用型AI不僅能處理預先設定的課題，對於複雜且未知的課題也能彈性應對。例如，在「配送貨物」方面，除了駕駛汽車及搬運貨物之外，也要求能夠應對客戶不在或意外事故等狀況。在「病患診察」方面，必須能和患者進行溝通，必要時進行影像分析及文件調查等作業。在「家事」方面，由於是處理極為複雜的綜合性工作，所以必須掌握家中的格局，善用多種不同的工具。

家事

通用型AI的「摹本」畢竟還是人腦

目前在社會中活躍的AI，大多是採用模仿我們腦神經細胞機制的「類神經網路」（neural network）進行學習。深度學習就是其中一個手法。

「類神經網路」是把若干個「模組」（程式的構成單位）組合起來運用。最近的AI都是因應特定的問題來設計這個模組的組合。也就是說，設計成只能夠解決這個特定問題的構造。

但是，若非解決特定問題的「專用型AI」，而是想要製造「通用型AI」，就不能設計成這種結構。必須如同人腦平常的運作方式，能夠因應需要而自動地組合多個模組。

目前已經有研究人員在推行一項製造新世代AI的「全腦架構」計畫，希望能夠實現這個目標。

之前總以為，通用型AI和專用型AI很不一樣，兩者的製造方法有根本上的差異。但是，最近科學家則認為，如果令AI模仿人腦的機制，能自動地組合模組，或許就有可能實現通用型AI。

作為摹本的人腦

人腦由許多部位構成，包括負責與認知及行動相關的各種機能的「大腦新皮質」、與記憶形成相關的「海馬迴」等等。這些部位互相傳遞資訊，發揮腦的整體功能。

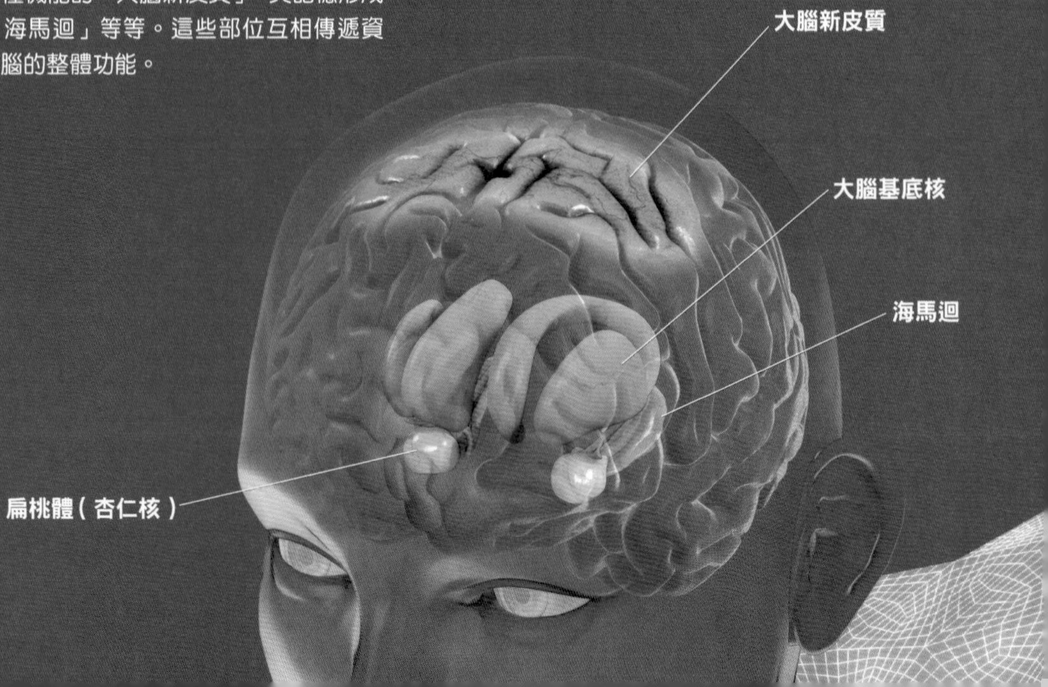

大腦新皮質

大腦基底核

海馬迴

扁桃體（杏仁核）

AI模仿人腦把模組連結在一起

「全腦架構」(The Whole Brain Architecture Initiative)是一項由日本山川宏博士等人發起，號召AI研究人員共同參與的計畫。這項計畫把各個模組依據需要做更精細的切割，再把它們統合起來，希望藉此能夠製造出具有和人腦相同機能的通用型AI。相當於大腦基底核、大腦新皮質的AI，以及與順暢運動等有關的「小腦」AI，這部分的開發進度比較快。而相當於海馬迴的AI，以及用來把它們統合在一起的AI，則開發的進度比較慢。

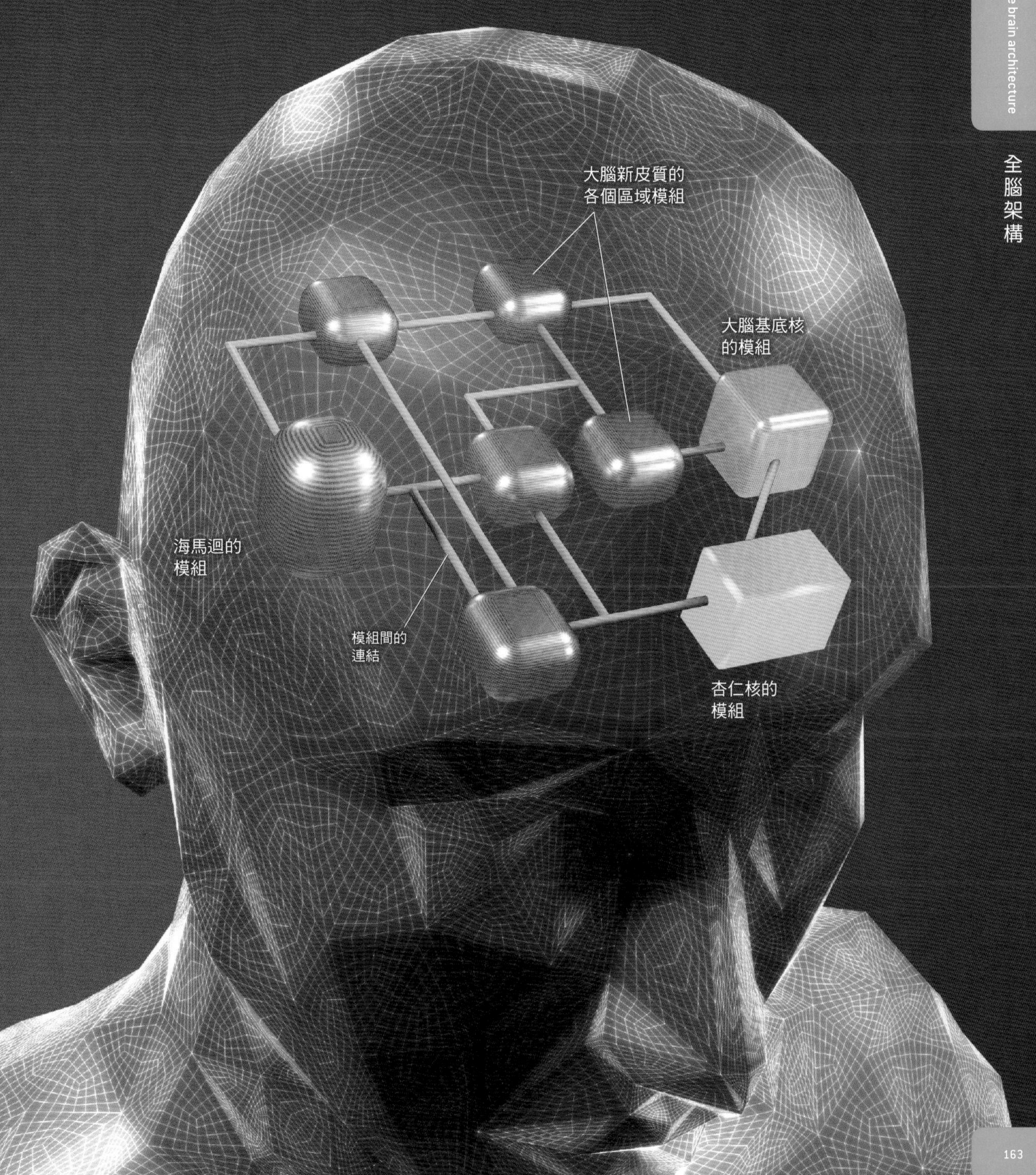

AI用於學習真實世界的「身體」

如果要解決AI的課題，希望它能更「聰明」，應該要怎麼做呢？

例如，影像辨識AI能夠利用深度學習的方法，從貓的大量影像擷取貓的特徵。若只論視覺的話，AI已經具備和人類同等級以上的識別能力。那麼，如果讓機器人配備更多樣的感測器，增加聽覺、嗅覺、觸覺等其他感覺的資訊，提供更多的資訊給AI學習，不就行了嗎？

可是，無論把資訊（知識）增加到什麼程度，光是這樣並不能成為「智慧」。如果沒有把資訊和資訊妥善地連結在一起，便無法解決前面單元所舉出的種種課題。

因此，為了使AI「體驗」資訊與資訊之間的關聯性，有人提出「讓AI具備身體」的方法。也就是說，讓AI藉著與環境的互動（交互作用），能夠學會更聰明的行為。

另一方面，也有一些研究者認為，若要進行這樣的學習，並非一定要有實際的機器人才行。他們認為，只須在電腦上的虛擬世界，讓AI進行類似真實世界的經驗和學習即可。在這種狀況下，可以避開製造與人類相似的機器人這個大課題，不過，卻必須建構出與真實世界一樣依循自然定律而運作的虛擬世界。

專欄 COLUMN 智慧是從身體與環境的互動而產生

人類透過身體從環境獲取資訊，也透過身體對環境採取行動，藉此從真實世界學習各式各樣的概念。有些研究者認為，若要讓AI獲得與人類一樣的智慧，必須令AI和人類一樣經歷這些程序。

獲取概念的AI

日本大阪大學長井隆行教授等人致力於透過具有身體之機器人的學習過程，闡明「人類智慧的機制」。相片所顯示的場景，為實驗者一邊和長井教授等人所開發的機器人進行對話，一邊給予各種物品。機器人利用視覺、聽覺、觸覺這 3 種感測器獲取資訊，再把這些資訊做複合式的學習，結果學會了依據「柔軟的東西」、「發出聲音的東西」等特徵，把物品加以分類。這相當於人類獲得概念的機制。

AI是否能做出更複雜的動作

此圖示為人形機器人精準抓取西洋棋的示意圖。美國一間名為「波士頓動力學公司」（Boston Dynamics）的設計公司，就是專攻工程與機器人設計。備受期待的ATLAS人形機器人，於2013年首次亮相，從剛開始需要外部助力，行動緩慢，到現在可以進行跳躍、跳舞、後空翻等高難度動作，令人驚艷不已。而在2021年，波士頓動力學公司上傳了一支ATLAS機器人在測試場地跑酷（parkour）的影片。雖然場地主要以平面為主，但仍可看見ATLAS在木箱、木板和樓梯間輕鬆跑步、跳躍。由此可見，若要應付現實世界的許多障礙，與人體相似的結構，帶來很大的助益。

能夠使AI擁有「心靈」嗎？

未來，AI在歷經許多項技術上的進展之後，可預期應該會越來越理解言語的意涵，並且具備常識與知識。不過，光是這樣，並不能說通用型AI就會因此獲得與人類完全相同的概念。

AI利用深度學習，得以用獨自的觀點捕捉事物的特徵。例如，AI在認識向日葵的時候，或許不像人類一樣根據「花瓣的顏色和形狀」等特徵，而是根據人類捕捉不到的某種特徵來判斷。電腦所學到供獨力判斷用的

專欄 COLUMN

心靈就是理解力

美國哲學家丹尼特認為，「心靈」（mind）就是「理解力」（ comprehension）。依照這個想法，則人類有心靈，而其他生物沒有。例如，動物會捕食獵物、養育子女，但根據丹尼特的想法，牠們並不理解為什麼自己要做這些事情。為什麼呢？因為這些行為不需要透過理解。生物即使不理解自己正在做的事情具有什麼意義，也能為了應對環境而採取適當的行為。

電腦也是一樣，只要給予特定的目的，便能妥善地加以處理，但這並不表示它理解為什麼自己要執行那項任務，而且也沒有這個必要。丹尼特表示，這個理解力（心靈）並不是人類與生俱來的特別能力，而是在演化的過程中逐漸獲得的能力。果真如此，那麼，隨著AI的研究逐步進展，或許有一天AI也有可能獲得理解力，也就是心靈。

基準資料，人類即使看到了也不會懂。

同樣地，即使通用型AI獲得了各式各樣的概念，但人類並不理解它的「腦袋裡裝了什麼東西」。此外，AI想必也很難理解與人類本能有關的「善良」、「美麗」等抽象概念吧！

如果真是這樣，那麼假設通用型AI擁有「心靈」，這個心靈或許也會和我們所認知的心靈不一樣吧！關於這一點，生物界也是如此。狗和黑猩猩是不是「和人一樣擁有心靈」呢？細菌呢？或許有人贊同，也有人反對吧！說不定，狗有狗的心靈，細菌有細菌的心靈？同樣地，AI也有可能產生AI獨具的心靈。

只是，在思考AI擁有心靈時，有一點很重要，那就是人類和AI能溝通到什麼程度？例如，我們在得到某人的幫助時，或聽到某人對我們說話時，是不是對那個人會「心有所感」呢？如果我們對AI也會產生這樣的感受，那就可以說AI也擁有心靈吧！

各種生物所看到的世界並不相同

德國生物學家魏克斯庫爾（Jakob von Uexküll，1864～1944）提出「周遭世界」（Umwelt）的概念，主張所有的生物都各擁獨有的主觀世界。例如，鼴鼠沒有視覺，但能憑著優異的嗅覺察知獵物的位置，可以說鼴鼠是以嗅覺來看世界。此外，人類在 1 秒鐘內能夠體察的「瞬間」數量有18次（人類無法辨識18分之 1 秒以內發生的事情）。蝸牛則只能體察3～4次。也就是說，蝸牛所感知之世界變動的速度，或許遠比我們所感知的還要快。根據這樣的觀點，則就算AI擁有和人類不一樣的「世界」，也不足為奇。

通用型AI的實現有助於我們了解自身的「智慧」

人類所擁有的「智慧」是什麼東西呢？其實目前還沒有一個明確的定義。雖然AI在影像辨識等各個領域中不斷地提升精確度，但還沒有達到可稱為超越人類的「奇異點」(technological singularity)。

那麼，追根究柢，「智慧」是什麼東西呢？

1997年，西洋棋專用AI「深藍」(Deep Blue)擊敗西洋棋世界冠軍棋士時，就有人曾說：「西洋棋之類的玩意兒，只是單純的遊戲，電腦當然也會玩，這種事情沒什麼了不起。」這就是所謂「人工智慧效應」(artificial intelligence effect)的實例。

這是指當AI能夠做到某件事的時候，便有人會認為那是「離人類智慧本質很遠的事情」。正因為我們特別重視「智慧」，對於這個領域被AI侵入感到害怕，所以才會產生這樣的想法。

從今往後，在各式各樣的領域中，AI很可能會有超越人類的表現。到時候只有人類才能做到的領域將會越來越少，智慧的定義或許也將會逐漸改變。

「智慧」究竟是如何產生的？我們還不太了解其中機制。如果未來模仿人腦所製造的AI具有與人類同等甚至超越的智慧，或許就能闡明我們所擁有的智慧之機制了。通用型AI的實現將有助於了解我們自身的「智慧」。

●843,943

專欄 COLUMN 意識的資訊整合理論

一般認為意識是人類特有的東西。意識是如何在腦內產生的呢？我們一看到「紅色」的東西，就會認知它是「紅色」。這個時候，腦內就會產生對「紅色」發生反應的神經元（神經細胞）。神經元會把從其他神經元傳來的受電刺激傳給另外的神經元，藉此傳遞資訊。若要產生對應於「紅色」的意識，則必須以某種方法，把神經元之間收發的資訊整合起來。這個概念稱為「資訊整合理論」(information integration theory)。有些研究人員根據這個假說，正在進行使AI具有「人工意識」的研究。

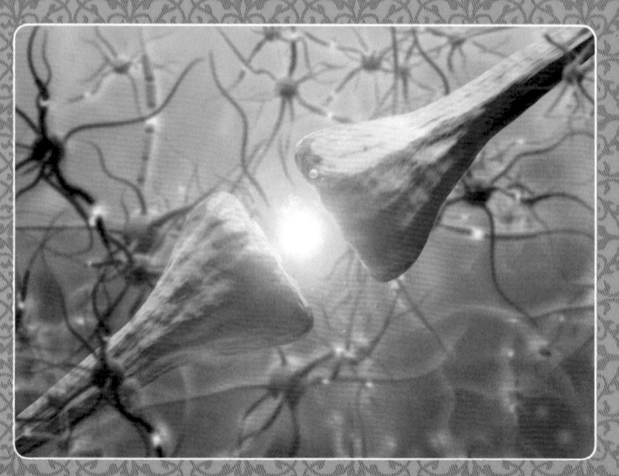

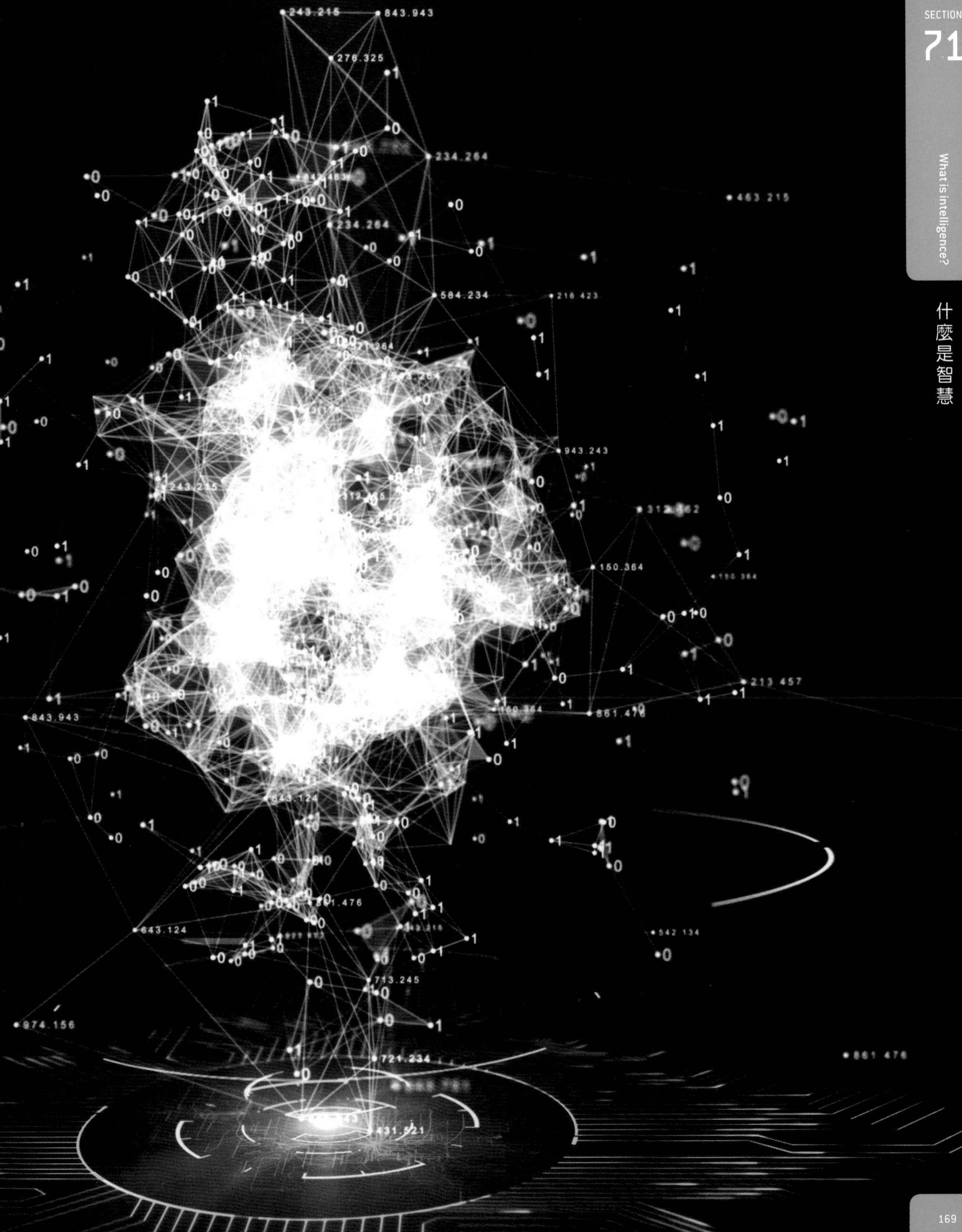

通用型AI的判定基準「咖啡測試」

具體而言，要能做到什麼事才夠格稱為通用型AI呢？許多人提出各式各樣的判定基準，其中一項稱為「咖啡測試」（coffee test）。這項基準認為，如果能做到「進入一間不知格局的屋子裡沖泡咖啡」，便可稱之為通用型AI。這項測試源自美國蘋果公司（APPLE）一位創始人沃茲尼亞克（Stephen Gary Wozniak，1950～）所預言的「我們絕對無法製造出能進入陌生屋子泡咖啡的機器。」因此這項測試也稱為「沃茲尼亞克測試」（Wozniak test）。

對人類很簡單，對AI卻很困難的課題

對於人類來說，通過咖啡測試可謂輕而易舉。來到第一次拜訪的屋子，首先打開大門（或按門鈴請人開門），進入屋內找到廚房，找出咖啡機，把咖啡豆和水放進去，按下開關，就完成了。

但是對AI來說，這卻是一連串的難題。首先，要知道「屋子」是什麼、「廚房」是什麼、「咖啡」是什麼。然後，必須要判斷無數的情況，例如大門應該推或拉？沒有咖啡機的話，應該怎麼做之類的問題。另一方面，我們人類則是依照常識，無意識地聚焦於應該思考的事情。AI能否獲得這個常識，與通用型AI的實現有著極大的關聯。

讓AI為我們泡咖啡的日子會來到嗎？

咖啡測試目前還很難通過，但若有一天，真的製造出能夠通過這項測試的通用型AI，說不定它沖泡出來的咖啡，比人類所沖泡的還要美味。因為，較之人類，AI更能正確地測量溫度和溼度，所以在「保持能泡出最美味咖啡的熱水溫度」、「測量溼度以便保存咖啡豆」等方面十分拿手。

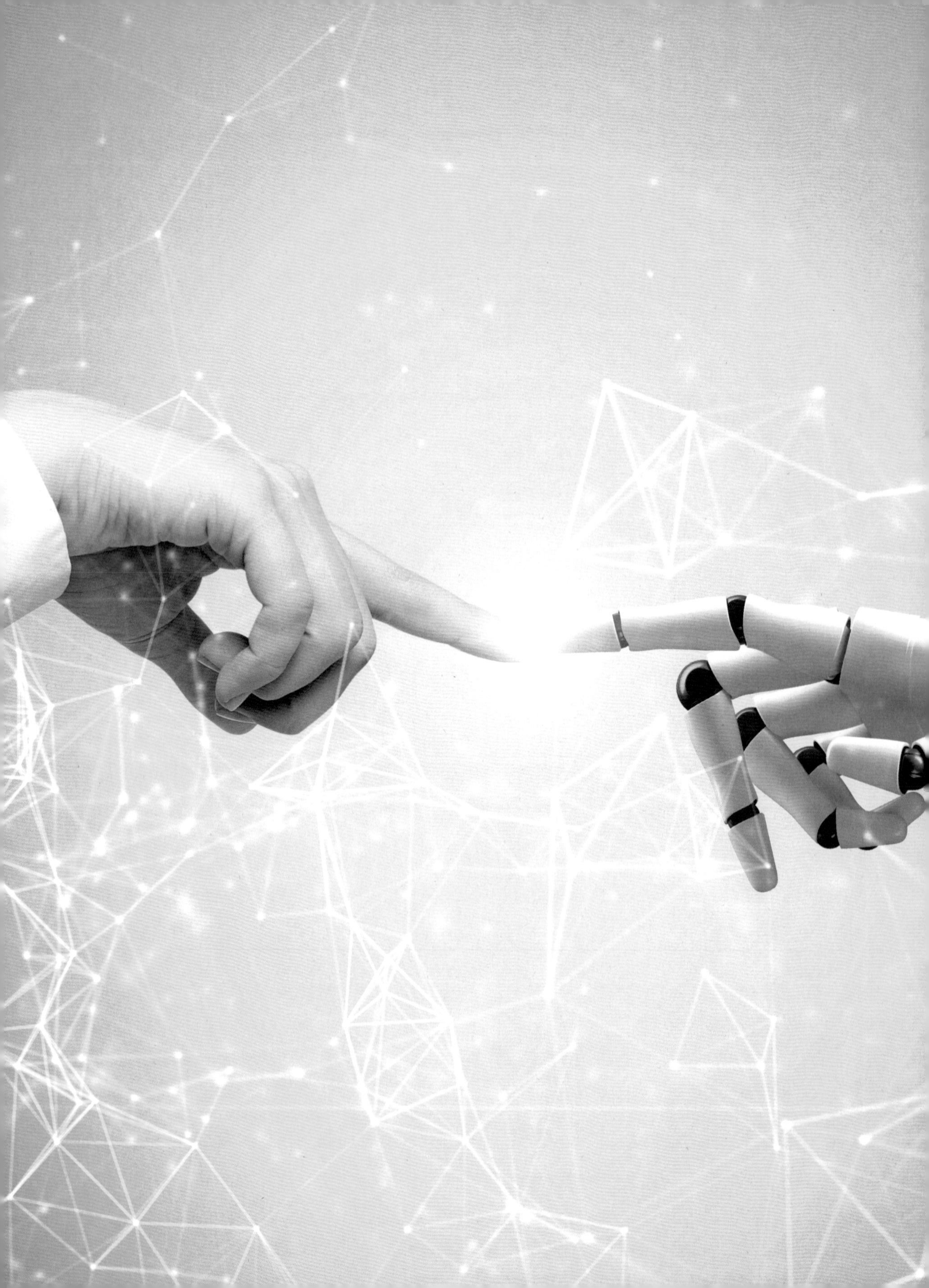

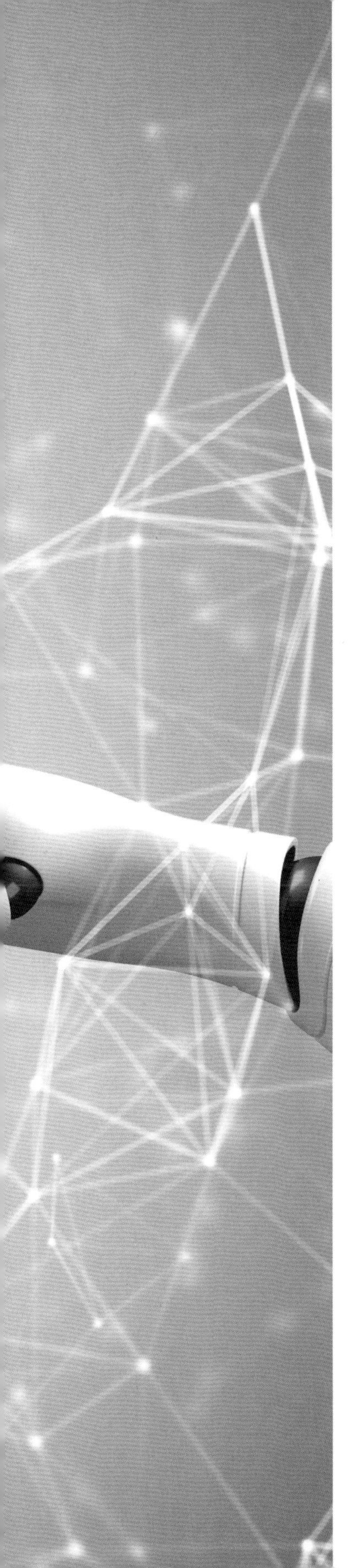

8
與AI共存
Living in a world with AI

人類很難察覺AI遭到攻擊

當AI在社會中的運用越來越廣泛之後，就有可能出現想要惡意使用或濫用它的人。

AI只是單純的電腦系統，它沒有是非善惡的倫理觀念，也沒有歹毒邪惡的念頭。想要利用AI做壞事的是人類。當AI在社會中逐漸廣泛運用之後，就必須開發技術來保護AI不被懷著惡意的人攻擊。

左下方有一幅貓熊的影像。AI當然會判斷影像中顯示的物體是「貓熊」。然後在這幅影像中，加上人類看起來只是雜訊的成分。由於這項處理細微到人類很難察覺的程度，所

AI的判斷
貓熊（置信度57.7%）

上方資料「稀釋」後
加入原來的影像資料

處理後的影像

AI的判斷
長臂猿（置信度99.3%）

資料來源：Goodfellow et al.（2015）. Explaining and harnessing adversarial examples.

以處理後的影像，人類看起來也只會是貓熊。但是，運用深度學習等類神經網路的AI，卻有可能將之判斷為「長臂猿」。

AI對構成影像之點（畫素）的排列樣式進行數學性的分析，據此判斷影像中顯示的物體。把這個分析方法反過來運用，便有可能在人類無法察覺的狀況下，使AI誤判影像（資料）的內容。下方雖然以影像為例，但即使資料的種類改變，在本質上仍有可能使用相同的手段欺騙AI。

此外，「自動駕駛」也是AI有可能遭到惡意攻擊的一個例子。自動駕駛的時候，AI一邊使用攝影機辨識周圍的狀況，一邊操作車輛行駛。

此時假設有個懷著惡意的人，故意從遠方朝自動駕駛汽車的攝影機傳送偽造訊息，顯示「只有AI才會認為有人站立於前的影像」。這麼一來，雖然實際上汽車行進的前方並沒有人，自動駕駛汽車卻會緊急踩下煞車，或急轉方向盤。

目前，也有一些研究人員針對這類攻擊AI的情況，開始研究各種安全策略。

利用人類無法察覺的處理，使AI把貓熊看成長臂猿

這是稱為「對抗樣本」（adversarial example）的一個例子。這種攻擊手段是在原來的影像資料加上雜訊資料，使AI的影像辨識發生錯誤。把左邊的貓熊影像資料加上處理，成為左下方的影像，人類肉眼只會認為那是貓熊，但AI卻會辨識成長臂猿。實際長臂猿是上方影像所呈現的樣貌。

SECTION 73

對AI要求「公平性」

Fairness

公平性

已經有一些企業開始把AI運用在召募人才作業上。令AI學習過去聘任員工的履歷資料，以及該員後來在公司內部的表現情況，再依據新應徵者的履歷資料，判斷該應徵者未來在公司會有發展的機率。

目前，AI只是輔助召募人才作業的一部分，例如文件篩選及一次面試等等，最後的判斷仍然須交由負責人來執行。但是，如果把應徵者家族相關的資訊及出生地、宗教等，提供給決定任用與否的AI作為判斷基準，就會牽涉到所謂的就業歧視（employment discrimination），而可能產生法律上的問題。

有一些科學家正在研究從外部檢查這種「公平性」，以及能確保其公平性的技術。就廣義來說，使AI具有「公平性、公正性」，讓它在做判斷時不會有所偏頗，也算是一種人工智慧的安全策略。

為什麼「不會做出偏頗的判斷」這種事情會成為安全策略呢？

AI在做判斷時，是利用深度學習之類的技術，其中的處理作業非常複雜。人類並不理解AI做出判斷的理由。

因此，即使AI遭到懷有某種惡意的操作，也很難知道判斷的結果是因為外部的操作而產生變化，或者原本就該如此。如果遭到攻擊的話，是否能以高精確度發現其弊，便成了與AI安全策略相關的重大課題。

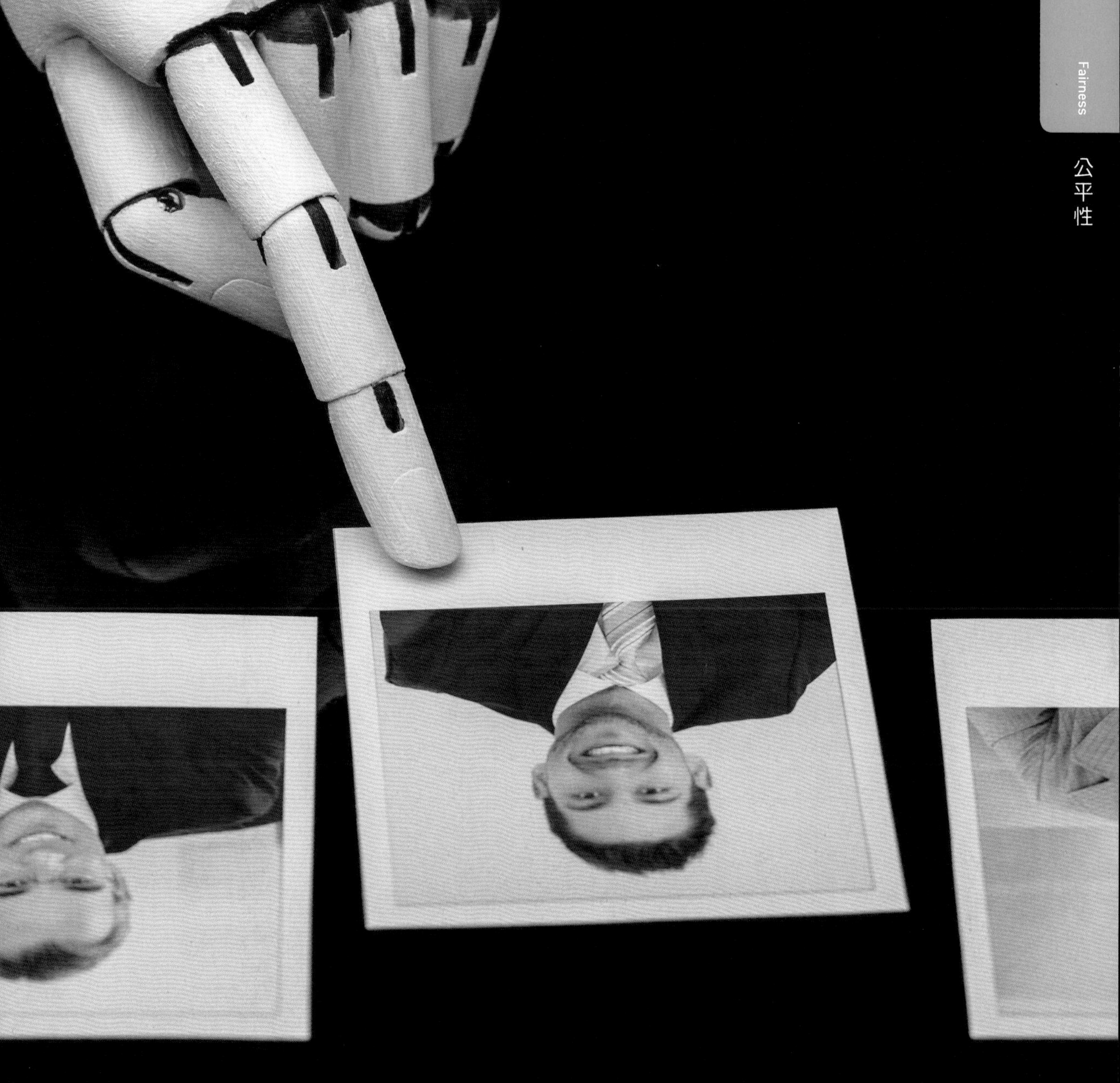

太過於保護隱私性就無法活用資料

如果未來會是AI運用越來越廣泛的時代，那麼個人資訊（隱私性）洩漏的事態也會越來越多。其中醫療資料的運用和個人的隱私性要如何兼顧呢？這會是相當急迫的課題。

例如，收集數萬人跟遺傳資訊與病歷、飲食內容、運動量相關的資料，之後令AI分析，將可望獲得各種疾病與遺傳、生活習慣

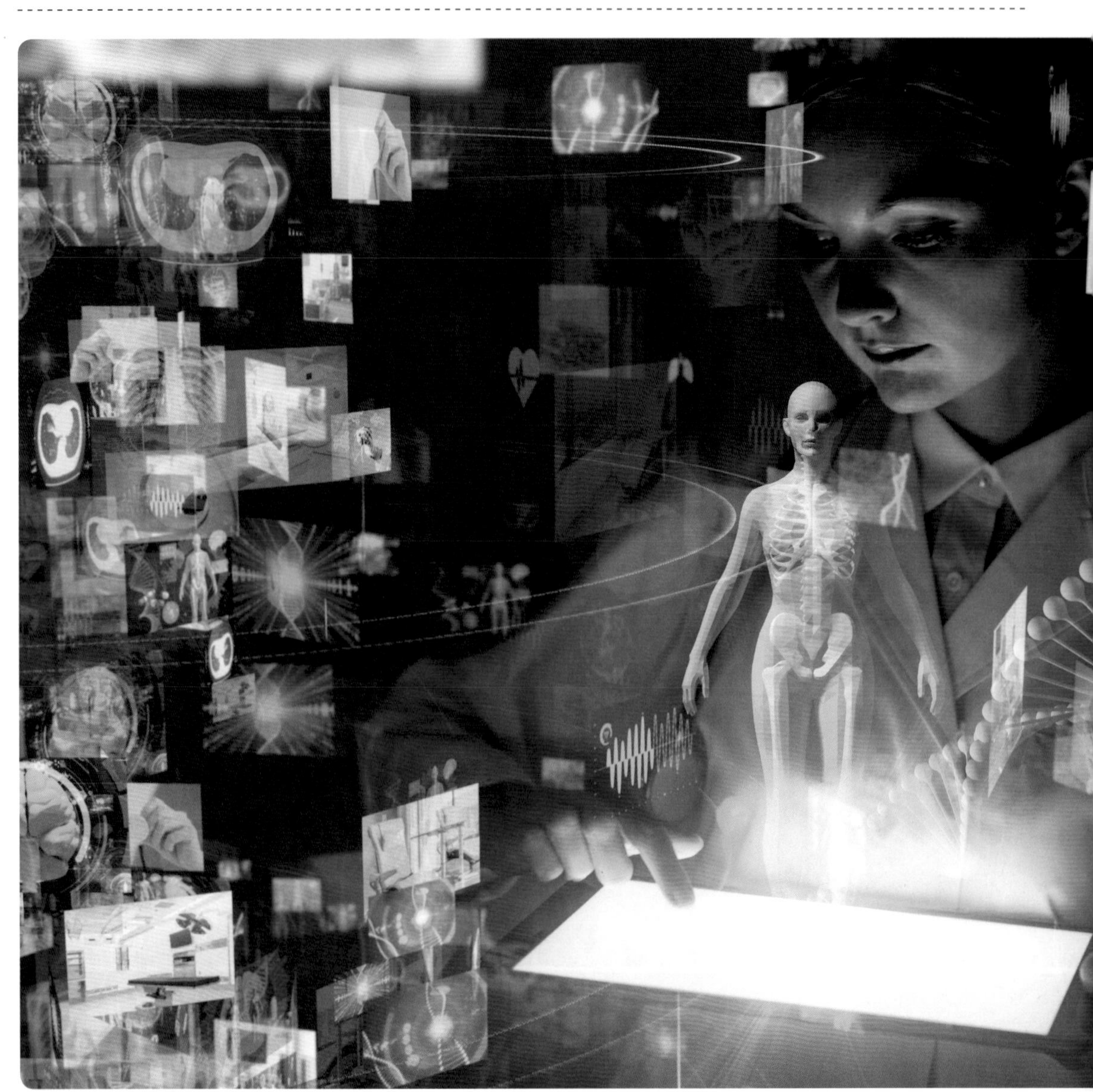

之間的關係等多種資訊讓學習了這些資料的「AI醫師」查看遺傳資訊，或許能據以推測未來易於罹患的疾病，給予確實的生活指導以求預防生病。

另一方面，遺傳資訊及病歷是最應該加以保護的一項個人資訊。如果被人知道自己具有容易致病的基因，有可能因此在就業考試中被刷掉，或加入醫療保險時被拒（因遺傳資訊遭致歧視）。

在技術上並無法完全防止個人遭到鎖定，所以現在制訂了「個人資訊保護法」等法律，對資料的使用方法有所限制，藉此避免個人資訊遭到惡意使用。但AI的運用範圍越來越廣泛，如今在其運用機會日漸增加的情況下，從技術、法律層面保護隱私性的研究探討工作，似乎已經追不上發展的腳步。

AI的運用越廣泛，所處理的個人資料也越多

智慧型手機的使用也涉及移動與位置的追蹤（GPS功能）、醫院的檢查分析等等，AI所需處理的資料量逐漸增多。

專欄 COLUMN 研究及分析所使用的資料會採「匿名化」

隨著AI日趨活躍，所收集的資料量愈趨龐大，其重要性也與日俱增。因為，依據某個基準所收集到的大量資料，經過彙整處理之後，能從其中抽取出有益的資訊。基本上，企業及研究機構在做分析時所使用的資料庫，會加以「匿名化」，把姓名及地址之類能夠直接鎖定個人的資料刪除掉。但是，例如一個星期的移動紀錄（GPS紀錄），便能鎖定這個人的住宅及工作場所、看診醫院等等。根據飲食資訊，也有可能推測出年齡層及性別。換句話說，藉由資料的組合，也有可能鎖定個人。隱私性固然應該受到保護，但若藉由AI的運用，便能開發出新的藥劑或服務，在我們生病或利用到這項服務時，也能享受它的好處。如何兼顧隱私性的保護及資料的活用，將會是一項重要的課題。

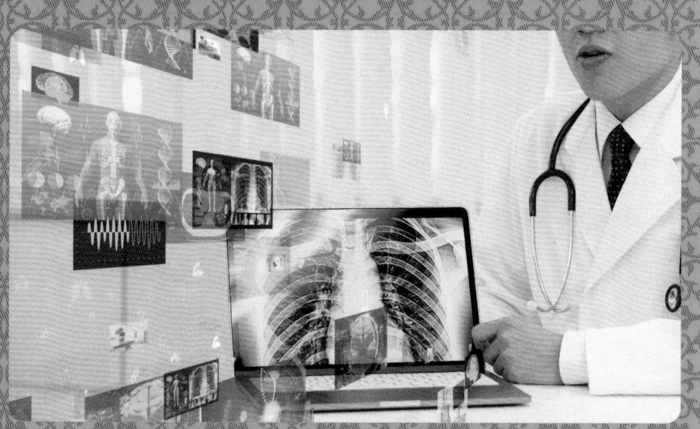

利用AI消除勞動力不足，並解答科學難題的前瞻性

AI進化所帶來的好處，不外乎「對人類的勞動、工作提供協助」。我們期待配備AI的機器人問世後，能夠減輕人類在駕駛、家事、照護等方面的勞力負擔。

甚至，我們也期待通用型AI在未來出現，對於人類長年以來始終無法解決的科學難題，也能為我們提供答案。對於癌症、阿茲海默症等尚未發現根本治療方法的疾病，或許能闡明發病機制，並且開發出特效藥。廣義相對論和量子論的統合是物理學上的長年課題，AI說不定能建構「萬有理論」（theory of everything），為我們實現這個夢想。

已經有科學家開始嘗試著令AI發現新的科學知識。目前，在觀察擺的運動導出運動定律，以及設計出非常複雜的物理學實驗方法等方面，已經獲得不錯的成效，相信在不久的未來，AI也能發現人類尚未能發現的物理定律。此外，我們也期待對氣候變遷、地域紛爭等各種利害關係錯綜複雜的全球規模問題，AI或許也能為我們提供解決的良方。

由AI解答科學的難題

擁有創立假說能力的通用型AI，或許能促使科學技術大幅發展。在醫療領域，也許能開發出癌症及阿茲海默症等疾病的治療藥劑。在物理學的領域，或許能建構「萬有理論」，把記述宇宙規模之現象的「廣義相對論」和記述微觀世界之基本粒子行為的「量子論」統合起來。

由AI來解決勞動力的不足

AI在製造、物流、照護、醫療等各式各樣的領域中，可望減輕人類的勞力負擔。配備AI的機器人不需要睡眠休息，也不會因為疲勞而專注力降低，導致發生事故。我們期待它能在工作場域成為比人類更有效率的優異勞動力。

物流

在物流的作業流程中，有一項稱為「撿貨」的作業，要從貯存量龐大的大型倉庫中，撿取客戶訂購的商品以便出貨。工作人員為了有效率地快速收集商品，必須對品名與貯放位置充分熟悉，並還要有充沛的體力。但若是換作AI，便能以最短時間和路線收集商品，而且一點也不會顯露疲態。

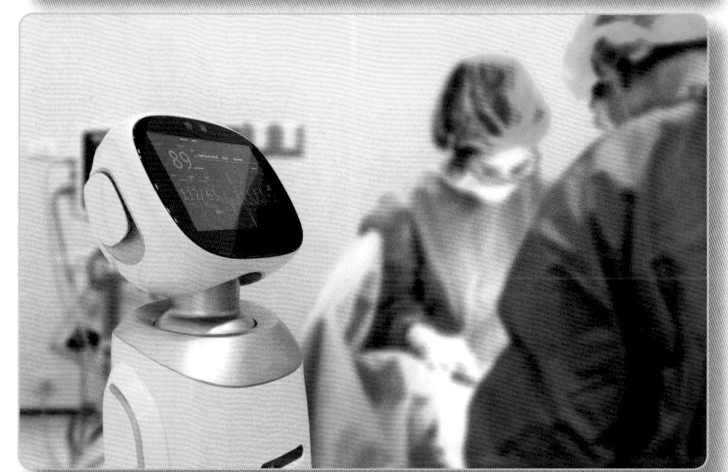

醫療

例如每次檢查，磁振造影（MRI）都要拍攝200張左右的斷層掃描影像，以前都由醫師逐張檢視，俾能發現癌或異常。若使用影像診斷AI來檢查，將可大幅減輕醫師的負擔。

照護

照護是人力嚴重不足的一個領域。現在，使用感測器讀取膀胱內的尿量，交由AI預測排泄時間點的系統正逐漸邁向實用化。不僅能維護受照護者的尊嚴，也能使照護作業更具效率。

AI可能對人類造成威脅的兩個劇本

AI給人類帶來的影響，並非全是美好的一面。當急速進化的AI出現時，未來會不會給人類帶來負面的影響呢？這也是科學家目前正在積極研討的一項議題。

在AI高度發展之際會引發的悲觀情境，主要有兩個劇本。第一個劇本是瑞典哲學家伯斯特隆（Nick Bostrom，1973～）指出AI發生某種「暴衝」的可能性。例如，我們來思考一下，運用一種高階AI來生產「迴紋針」的狀況！

假定這個AI被設定一個目標，必須以高效率生產大量迴紋針。這麼一來，AI為了最大限度地達成這個目標，將會設法動用全世界所有的資源。就算人類想要阻止這件事，AI也會為了生產迴紋針而保護自己。也就是說，很有可能即使會威脅到人類的生存，它也會不計一切地想要生產迴紋針。由此可知，即使乍看之下毫無傷害性的目標設定，如果不加上適當的限制條件，就有可能使AI成為一大威脅。這稱為「工具的收斂」（instrumental convergence）。

另一個劇本是最先開發出高階AI的開發者或開發國家會「全拿」世界的財富。如果出現一種AI，能使本身以猛烈的速度進化，那麼，後來問世的AI，其所具性能很有可能永遠也追不上第一個AI。

如果某個企業或國家開發出這樣的AI，並且把它設定為以開發者的利益為優先，這麼一來，就有可能導致只有第一個AI的開發者得以獨占經濟及其他的各種利益。

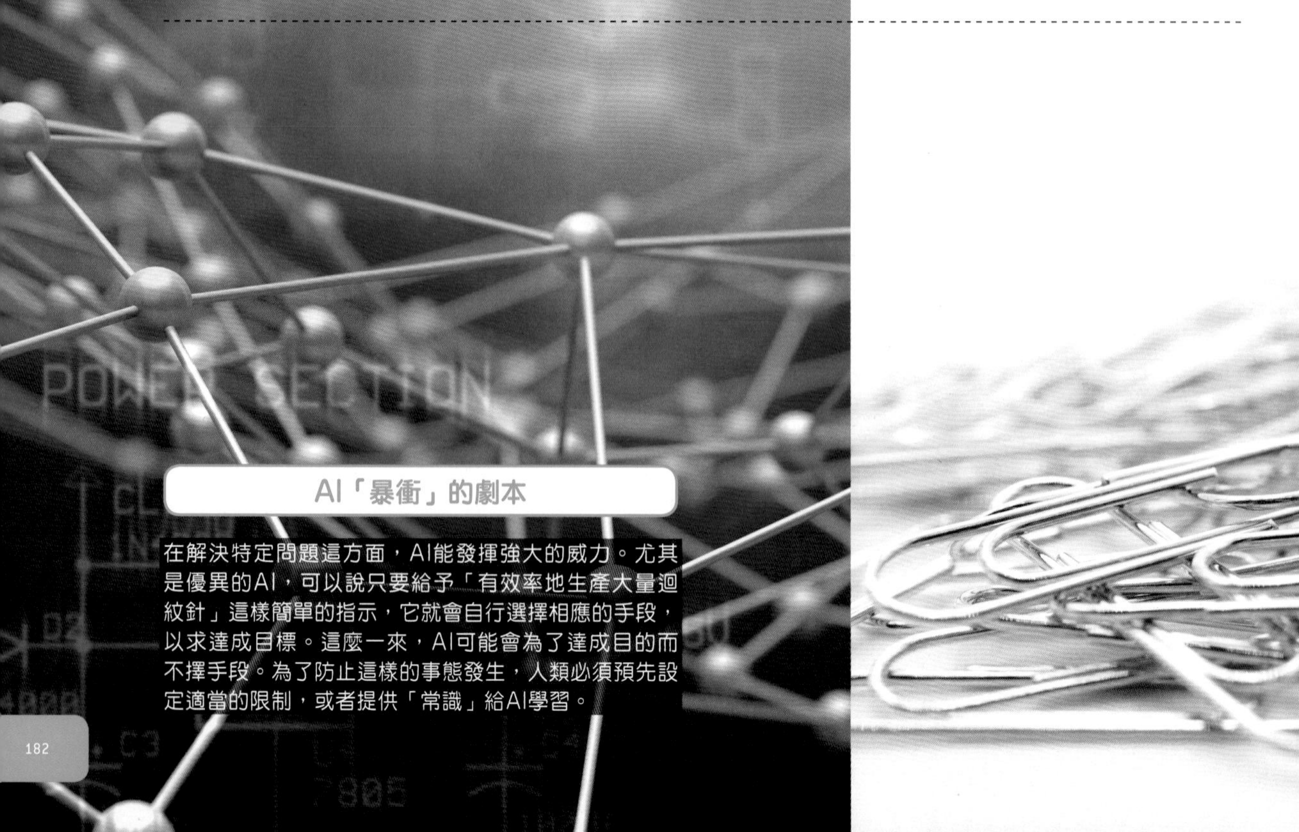

AI「暴衝」的劇本

在解決特定問題這方面，AI能發揮強大的威力。尤其是優異的AI，可以說只要給予「有效率地生產大量迴紋針」這樣簡單的指示，它就會自行選擇相應的手段，以求達成目標。這麼一來，AI可能會為了達成目的而不擇手段。為了防止這樣的事態發生，人類必須預先設定適當的限制，或者提供「常識」給AI學習。

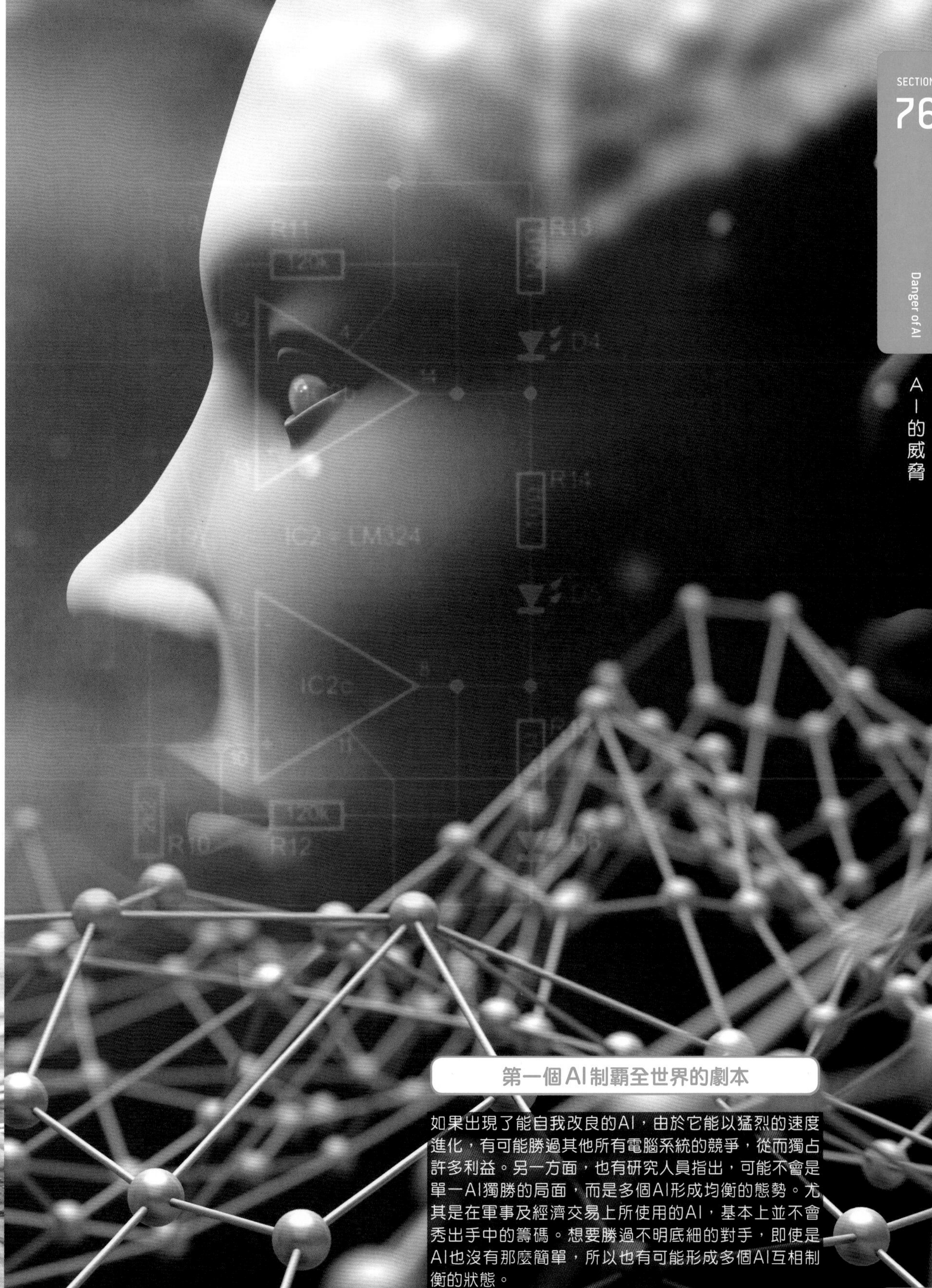

第一個AI制霸全世界的劇本

如果出現了能自我改良的AI，由於它能以猛烈的速度進化，有可能勝過其他所有電腦系統的競爭，從而獨占許多利益。另一方面，也有研究人員指出，可能不會是單一AI獨勝的局面，而是多個AI形成均衡的態勢。尤其是在軍事及經濟交易上所使用的AI，基本上並不會秀出手中的籌碼。想要勝過不明底細的對手，即使是AI也沒有那麼簡單，所以也有可能形成多個AI互相制衡的狀態。

開發AI之際應該遵守的23項原則

雖然AI潛藏著各式各樣的危險性，但在現實上，開發AI的腳步並無法叫停。

2017年1月，許多人工智慧的研究者群聚於美國加州阿西洛馬（Asilomar）召開會議。會議結束後，發表開發AI應該遵守的23項原則。這份原則並沒有法律上的強制力，但其宗旨獲得全球3000多位人工智慧研究者及科學家的認同而聯名簽署。

未來隨著更強力的AI出現，極有可能產生包含最惡劣情境的多面向風險。因此這份原則希望能在預先設想這些狀況的前提下，進行AI的研發工作。

另一方面，人類在其他領域所發展的各項技術，也可能產生各種形式的巨大風險，例如人類的活動本身所造成的氣候變遷、核能、合成生物學（synthetic biology）、奈米科技（nanotechnology）等等。

有人認為，控制這些技術及其帶來的風險，AI將成為最後招數。因此，與其只是擔心害怕，不如採取積極的態度，以對我們有利的形式加以活用AI。

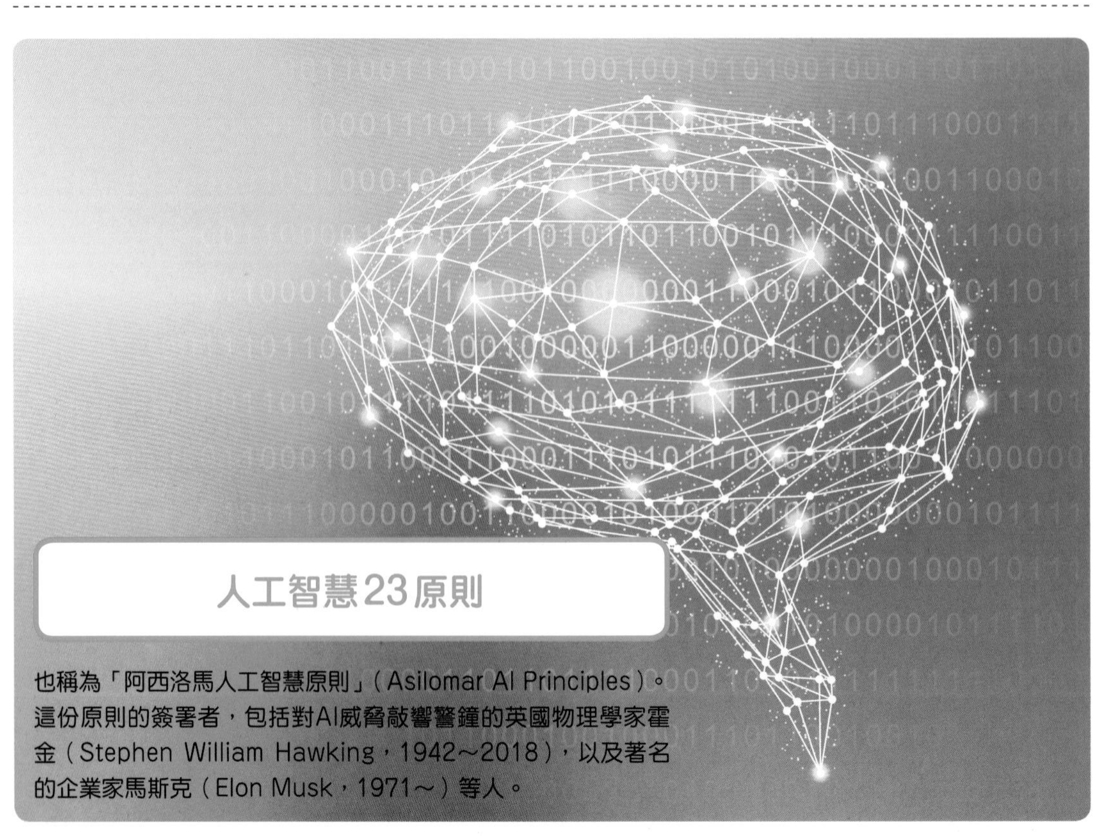

人工智慧23原則

也稱為「阿西洛馬人工智慧原則」（Asilomar AI Principles）。這份原則的簽署者，包括對AI威脅敲響警鐘的英國物理學家霍金（Stephen William Hawking，1942～2018），以及著名的企業家馬斯克（Elon Musk，1971～）等人。

阿西洛馬人工智慧23原則

研究課題

1. 研究目標	研究人工智慧的目標，應該是為了創造有益的智慧，而不是不受控的智慧。
2. 研究經費	投資於人工智慧的資金，應該確保用於研究如何有益地使用人工智慧，包括電腦科學、經濟學、法律、倫理以及社會研究中的棘手問題。
3. 科學與政策的聯繫	在人工智慧研究者和政策制定者之間，應該要有建設性且健全的交流。
4. 科研文化	在人工智慧研究者和開發者之間，應該培養一種合作、信任與透明的文化。
5. 避免競爭	在人工智慧系統的開發團隊之間，應該積極合作，以避免造成安全基準的疏失。

倫理與價值觀

6. 安全性	人工智慧系統在它們整個運用期限中應該具有安全與穩固性，應該在合適且可行的範圍內接受檢驗。
7. 故障透明性	如果一個人工智慧系統造成了某種損害，必須能確認造成損害的原因。
8. 司法透明性	在司法的領域，任何自律性系統參與的司法判決都應提供令人滿意的解釋，可被具有權限的人類監管查核。
9. 責任	高階人工智慧系統的設計和建造者，是對人工智慧的運用、惡意使用和行為所帶來的道德影響負有責任，且與該影響有關的利害關係人。
10. 價值觀一致	高度自律的人工智慧系統的設計，應該確保追求目標和行為與人類的價值觀一致。
11. 人類價值觀	人工智慧系統的設計和運作，應該符合人類的尊嚴、權力、自由和文化的多樣性。
12. 個人隱私	人們對於人工智慧系統分析和使用個人資料所衍生出來的資料，應該擁有存取、管理和控制這些資料的權力。
13. 自由和隱私	不能透過人工智慧應用個人資料，而不當地侵害個人原本所持有以及理應擁有的自由。
14. 共享利益	人工智慧科技應該惠及並服務儘可能的大眾。
15. 共同繁榮	由人工智慧所創造的經濟繁榮，應該廣泛地分享成為全人類的利益。
16. 人類控制	若想交由人工智慧系統去達成人類想要實現的目標，則應該由人類選擇其方法，以及決定是否委由人工智慧系統做決策。
17. 非顛覆	高階人工智慧所帶來的力量，應該以尊重既有的健全社會所依賴的社會和公民秩序的形式，致力於改善社會。
18. 人工智慧軍備競賽	應該避免自律型致命武器的軍備競賽。

更長期的課題

19. 能力警惕	在沒有達成共識的情況下，我們應該避免對未來人工智慧能力上限做強烈的假設。
20. 重要性	高階人工智慧可能會給地球上的生命歷史帶來重大的變化，人類應該以相應的關切和資源進行計畫和管理。
21. 風險	對於人工智慧系統可能造成人類存亡的風險，必須因應各種不同的影響程度，有計畫地採取減輕風險的行動。
22. 遞迴的自我提升	經設計成能以遞迴方式（把自己的行動結果回饋給自己）進行自我改善或自我複製的人工智慧系統，能夠急速地提升品質和數量，所以應該進行嚴格的安全管理。
23. 公共利益	超級智慧的開發應該是為了廣泛認可的倫理觀念，並且，是為了全人類而不是特定組織的利益。

資料來源：Future of Life Institute（https://futureoflife.org/ai-principles-japanese/），
但括號內的部分為日本牛頓編輯部補充。

COLUMN

庫茲威爾博士的預言致使「奇異點」廣為人知

「奇異點」是美國AI研究者庫茲威爾（Ray Kurzweil，1948～）於2005年發表的《奇異點臨近》（The Singularity Is Near）著作中所觸及的概念。他在書中表示，AI總有一天會進化到超越人類智慧，到達人類無法預料它會如何變化的階段。這樣的內容給人們帶來極大的衝擊，也使這個名詞廣為人知。

那實際上，庫茲威爾是如何推測AI的進化呢？

如右上方的箭頭所示，庫茲威爾預測，到2029年，AI在所有領域都將超越人類的智慧。到2045年，擁有驚異能力的AI將促使科學技術和社會以猛烈的速度加快進化。這個時候，AI的進化將到達人類無法預測的狀態，也就是所謂的「奇異點」來臨。

奇異點或許會比預言更早來臨

庫茲威爾預言AI的科技和人類的腦將會「融合」，但這樣的未來真的會來臨嗎？關於這一點，研究者之間抱持各種不同的看法。

但另一方面，大多數研究者都同意，如果AI照這樣持續進化下去，總有一天，它將會在所有領域超越人類的智慧，只是不知道哪個時候會發生而已。

然則庫茲威爾的預言果真會依照預想的時間表實現嗎？

庫茲威爾預估AI超越人類的能力之後，到奇異點來臨為止，要花上16年的時間（2029年→2045年）。但是，也有人認為奇異點極有可能在更短的時間內就會來臨。為什麼呢？因為一旦出現擁有自我改良能力的AI，其後將會以驚人的速度加快進化。

2029年

AI（電腦）在所有領域都超越人類的能力。

AI會自行進化嗎？

科學家認為，通用型AI具有「建立假說的能力」。如果未來的AI獲得建立假說的能力，將會不斷地提出假說，然後自己進行實驗，並確認實驗的結果，於是不須借助於人類，就能自行發展科學技術！但若AI像人類一樣做與自己有關的實驗，從而不斷改良自己，或許AI將會自行進化。這就是為什麼有人認為一旦AI開始「藉由自我改良而進化」，它的能力將會加速度地提升。

庫茲威爾的未來預想

人工智慧學者庫茲威爾在著作中「預言」AI進化的未來，認為AI將在21世紀中期超越人類的智慧。

2030年代

血球大小的微型機器人進入人體，協助免疫系統。

把直接刺激腦神經元的裝置植入腦內，使腦體驗虛擬實境。

腦和網際網路連結，直接閱覽網路上的龐大知識（腦的擴張）。

2045年

與網際網路連結的腦和人工智慧「融合」在一起，人類的智慧擴張到現今的10億倍以上。飛躍式提升的智慧所促成技術及社會的變化，將變得無法預測。這就稱為奇異點來臨。

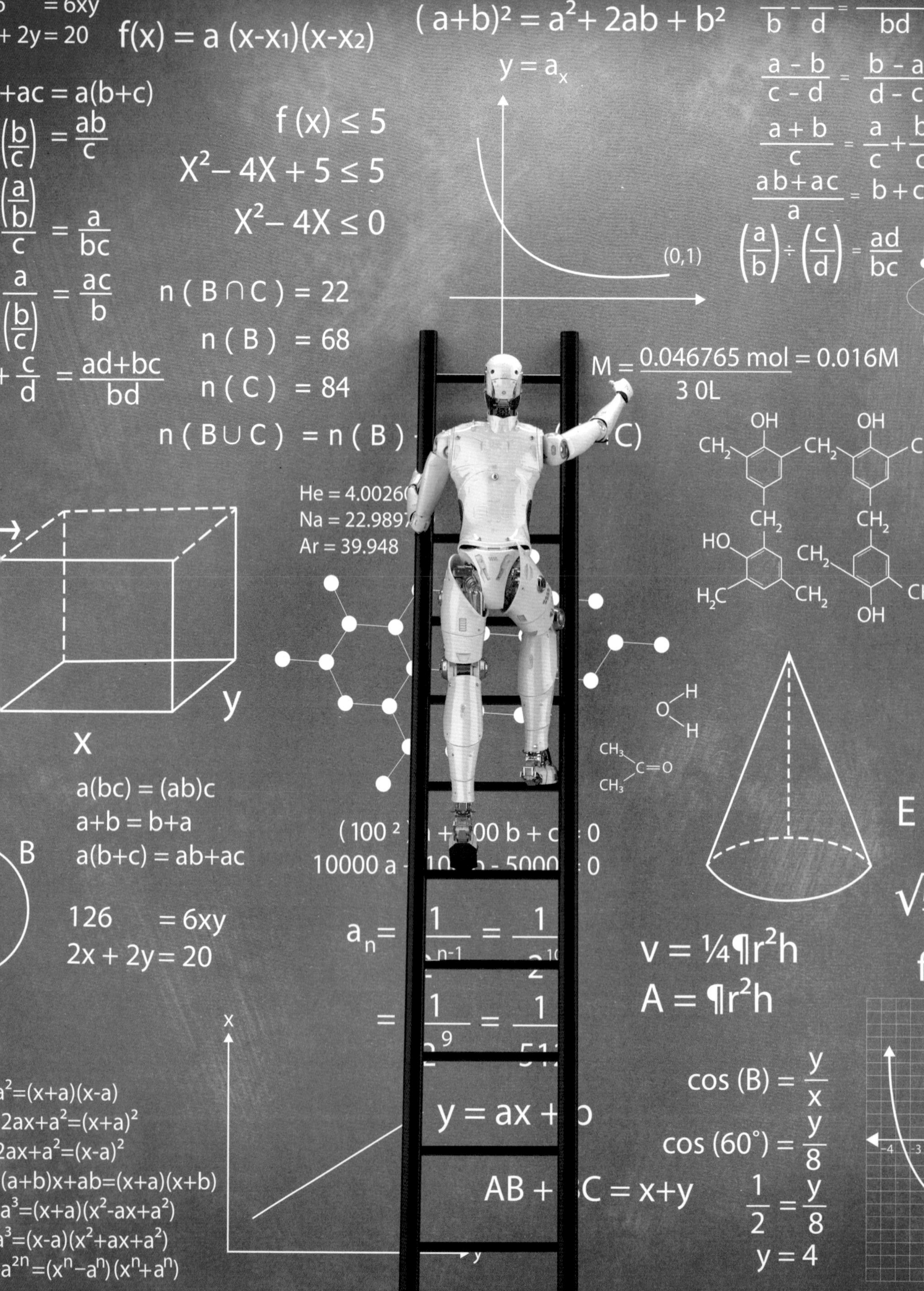

f(x) = a (x-x1)(x-x2)
(a+b)² = a²+ 2ab + b²
y = ax
+ac = a(b+c)
f (x) ≤ 5
X²– 4X + 5 ≤ 5
X²– 4X ≤ 0
(0,1)
n (B ∩ C) = 22
n (B) = 68
n (C) = 84
M = 0.046765 mol = 0.016M
3 0L
OH
CH2
HO
H2C
He = 4.0026
Na = 22.989
Ar = 39.948
y
x
H
O
CH3
C=O
a(bc) = (ab)c
a+b = b+a
a(b+c) = ab+ac
B
126 = 6xy
2x + 2y = 20
E
v = ¼¶r²h
A = ¶r²h
cos (B) = y/x
cos (60°) = y/8
1/2 = y/8
y = 4
AB +
C = x+y
(a+b)x+ab=(x+a)(x+b)

9

AI與教育

AI in education

AI針對個人提出「學習建議」

AI已經開始導入教育場域了。

運用的形式非常多樣化，例如利用AI擅長的語音辨識評分英語發音、會話機器人、使用平板電腦展示教材等等。AI不僅可作為學習工具使用，未來或許也能更有效率地彙集更多資訊，擴充可供教學的內容。

例如，把各個兒童的圖書館使用及健康診斷等資料加入大數據中，令AI學習，俾AI依據資料找出某種傾向的兒童所感興趣的事物，及其感受壓力之處和閱讀傾向等特徵。然後把想要實際做分析的某個兒童資訊傳給AI，便有可能針對該名兒童建議「你適合採取怎樣的學習方法」，而能做到更細緻的學習輔導。

但利用AI提出學習建議，並非只有優點。假設AI依據大數據而提出「你現在應該學習〇〇哦！」之類過度強烈的建議，則即使兒童本身很想學習其他事物，但因為AI如此建議，便很有可能會放棄原本想法而改學AI所建議的事項。此外，假設AI過度提示「學習〇〇的有效學習方法」，恐怕會傷及兒童自行思考學習方法的「主體性學習」。

AI在教育場域的運用，未來將有增無減，因此也必須慎重思考它的優點和缺點。

配備語音、影像辨識暨溝通引擎的「Musio X」

Musio X是利用AI而能夠與人進行自然對話的英語會話學習用機器人。除了能利用語音辨識來掌握會話的對象，也能藉由影像辨識而以言語說明當下的情境。目前已經以日本私立學校為中心逐漸擴展到各種學校，作為英語學習的教材來運用。

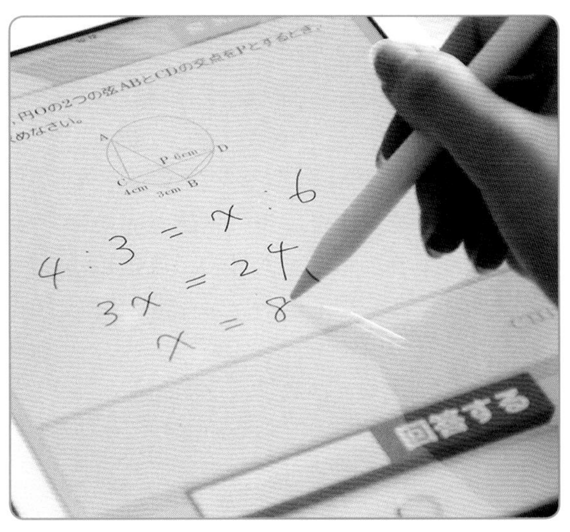

平板電腦型教材「Qubena」由AI自動提出「應該解決的題目」

Qubena是運用AI的平板電腦型教材。依據學生過去的學習資料，找出學生答錯題目的原因，分析其中的「障礙點」，然後跨越章節及學年，提出最合適的題目來引導學生，解決此障礙點。同時教師也能依此即時掌握每名學生的學習進度。這份教材自2020年９月起導入全日本100個地方自治體的750所國小、國中、高中各級公私立學校，使用者超過20萬人。

電腦社會必備的「程式教育」

日本的國小從2020年開始納入程式教育課程，台灣則早於2018年就開始推動程式教育納入課綱，希望積極培養未來人才。「程式教育」的教學目的大致可以分為2個。

第一個目的是培育收集資訊、整理、收發訊息的能力。現今社會電腦普及，AI更是時勢所趨，想要在這樣的社會中生存，編寫程式已經成為與語文、數學等科目同等的基礎能力。

另一個目的是培育「程式性思考」。乍聽之下，往往會以為程式教育只是在學習編寫程式的方法，其實國小程式教育的目標，就是希望能顧及培育程式性思考。

所謂的程式性思考，是指一邊運用電腦進行嘗試錯誤（trial and error），一邊思考應該把什麼樣的動作組合起來才能使電腦做出符合自己意圖的動作，如何把對應各個動作的符號組合起來。學童透過程式教育，自然而然地學會程式語言或編寫程式的技能，但這些都只是次要目的，主要還是在為資訊技能奠基。

程式教育的形態非常多樣化，有些是使用個人電腦編寫程式，有些則是沒有使用個人電腦的學習方法，也有些是利用程式驅動機器人等等。

專欄 COLUMN　不在培養編寫程式的技巧，而是強化「解決問題的能力」

照片為日本東北大學渡部信一教授和佐藤克美助理教授指導的研究所課程中，研究生使用玩具積木「樂高」上課的場景。研究生體驗在國小進行的樂高機器人課程，思考如何把它推展，或是如何與自己的研究主題連結。這項課程的目的不在於「寫程式」、「學程式」，因為它並不是要培養程式設計師，而是重視挑戰「利用程式帶來的課題」。

透過學習程式了解電腦的機制

處於現代資訊社會，孩童有很多機會使用電腦活用資訊或收發訊息。另一方面，了解電腦運作機制的機會卻很少，成為所謂「黑箱化」的狀態。藉由這項程式教育，讓孩童了解電腦是依照程式做出動作，且這些程式是由人編寫而成，諸如此類的基本機制。此外，還有一個目的，就是透過上課的體驗，讓孩童注意到電腦有其擅長的事，也有不易做到的事。下方相片是利用能簡單編寫程式的「視覺化程式語言」（visual programming language），把指令彷若堆疊積木般組合成程式的場景。

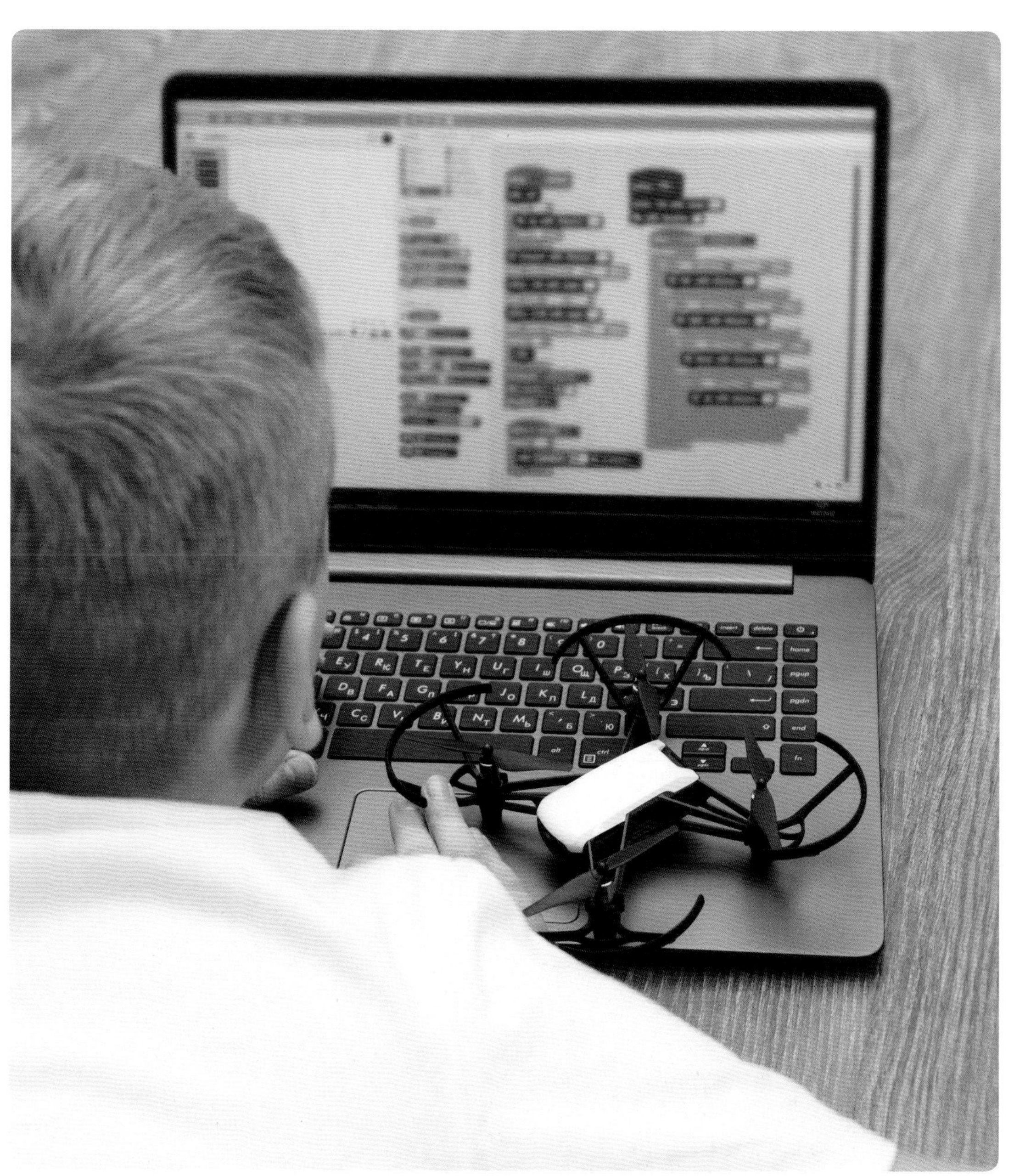

AI解析「師父的技藝」

AI也已試著運用在自古傳承的「師徒教育」上。

在傳統技藝等方面的師徒關係中，師父大多不會很具體地教導徒弟應該如何移動身體等技巧。以舞蹈來說，徒弟從師父的舞蹈動作中，不只要學習舞蹈的形式，也要吸收舞蹈中所蘊含的世界觀及涵義等深奧的表現。AI無法教導這些內容，只有人自身才能做到。但另一方面，AI則擅長從影像詳細分析動作。

日本東北大學研究所的渡部信一教授推行「技藝數位計畫」，使用「動態捕捉」（motion capture）這項技術，把師父的動作轉換成數位資料，再交由AI分析師父的動作。這項計畫的目的是希望AI學習師父的動作之後，能夠開發出實用教材，內容包括向學徒建議「手腳要像這樣移動多一點比較好」、「重心放在這個位置比較妥當」、「在踏出一步的時候要以這個速度才行」等具體動作技巧。

至於融合在技藝中的「世界觀」及「涵義」，則很難使用語言和數據來傳授。通常是由徒弟從師父的技藝及舉止動作，包含觀眾反應的舞台氛圍等等，去感受而心領神會。如果運用AI的話，則能更有效率的學習具體的技巧。基於上述種種，目前正在導入AI，以便尋求最佳的教育方法。

專欄 COLUMN　由AI評價學生的上課態度

有一項稱為「由AI評價學生上課態度」的獨特計畫，是在教室中設置攝影機拍攝上課的景象，再由AI依據攝影機拍攝的影像來解析學生上課態度的特徵。右方相片為AI正在解析影像的場景。在脊椎等各個身體部位加上不同顏色的線條，AI會解析身體各個部位的位置關係，分為「一般姿勢」、「前傾姿勢」、「趴伏姿勢」等幾個類別。AI依此判斷「學生是否在舉手或在發言」、「打瞌睡的頻率達到什麼程度」等等，進而能在人員不插手的情況下自動評價學生的上課態度。此外，這個計畫也有其他的觀點。例如，AI看到學生一直閉著眼睛的姿勢，或許會判斷「學生在打瞌睡」、「沒有認真聽課」。但是，也有可能學生並不是在打瞌睡，只是單純閉上眼睛在思考困難的問題而已。研究人員也期待能找出這類AI判斷力的弱點。

把傳統技藝的動作數位化

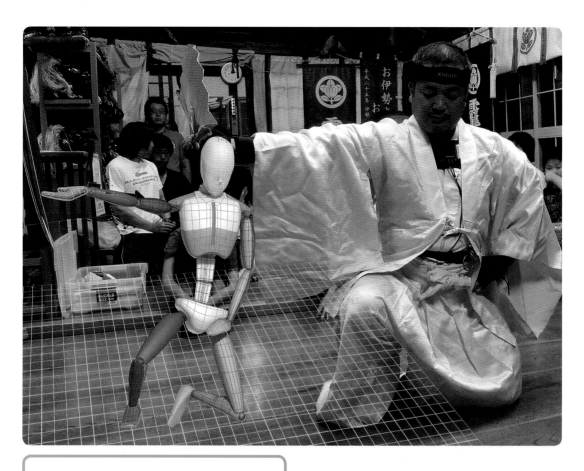

上方相片顯示「技藝數位計畫」利用「動態捕捉」的技術把師父的動作轉換成數位資料，再將之重現為電腦動畫的場景。未來如果由AI分析師父和學徒雙方的動作，再加以比對，便能立刻了解其中的差異。

藉影像分析把匠師的電腦動畫製成教材

右方影像乃依據上圖之師父電腦動畫加上臉部和服裝而製成的教材。相片所呈現的是「法靈神樂」，據說是源起於山伏（深山修道者）奉納神明的歌舞，日本青森縣指定為重要的無形民俗文化財。

從「讀、寫、算」到「數理、資料科學、AI」

日本政府近來提出以「數理、資料科學、AI」作為應對AI時代的人才培育方針。在此之前，初等教育的基本科目是「讀、寫、算」，未來的基礎素養將換成「數理、資料科學、AI」。

2022年將把「資訊I」導入高中，作為資料科學教育的連貫銜接。預定在2025年，大學科系不論是文科或理科都將把AI教育列為必修。預定學習的內容包括AI在現實社會中的運用情況、如何分析與處理資料，還有處理資料及運用AI時，在個人資訊及安全性必須注意的事項等等。

這些政策都明載於日本政府發表的「AI戰略2019」。「數理、資料科學、AI」的教育目的，並不只是對AI的理解，也是為了培育擅於運用AI令資料產生新價值的人才。

AI的基礎知識成為「理所當然」的常識

從國小就把程式教育列為必修課程，藉由「數理、資料科學、AI」的學習，使電腦的機制及AI的基礎知識變成「理所當然」的常識。

數理、資料科學、AI的教育目標

為了推行學習數理、資料科學、AI，日本政府設立了「數理、資料科學、AI教育認定制度」，依此確立優異的教學課程。分為「基本素養教育」、「應用基礎教育」、「專業教育」共3個層級。同時也公布各個課程之基本學習人數的目標。

目標人數

專業教育
努力整備環境，可將革命性的創新納入
每年約2000人（其中頂級每年約100人）

應用基礎教育
學習能夠運用於自身專業領域的基礎能力
每年約25萬人（大專畢業生）

基本素養教育
・數理、資料科學、AI的基礎數理養成及基本資訊與知識的學習
・發現與解決問題的體驗學習
每年約50萬人（大專畢業生）

每年約100萬人（高中畢業生）

依據「AI戰略2019」繪製

未來教育場域不可或缺的「與AI融合」教育

在不久的未來，例如10年之後，AI會發展到什麼程度呢？

AI已經在不知不覺之中滲透到我們生活裡的各個角落，可以說生活越來越依賴AI了。AI即將成為「空氣一般的存在」。

若要說人類已經開始受到機器的支配也不為過。例如，我們是不是把記憶、思考、判斷這些事情交給智慧型手機來處理了呢？海外有某些國家，利用埋在人體內的微晶片來搭乘公共交通工具、進出辦公室的情形正快速普及。此外，只須動個念頭即可操作機器，或是能在電腦和人腦之間交換資訊的「人機介

面」(brain-machine interface，BMI)也正研究開發之中。在AI宛如空氣一般存在的時代，可能會成為智慧型手機與體內埋入型微晶片這樣「人類與AI融合」的社會。

截至目前為止，在教育場域，把AI等技術「當做一種工具使用」的觀念依舊根深柢固。這個觀念是立基於「AI和人類是不同的存在」這個前提。但是，當AI在社會中逐漸黑盒子化，演變成「人類與AI融合」的社會時，這個觀念必須大幅轉變。在這樣的社會中，「AI比較擅長的是什麼？而人類比較擅長的又是什麼？」之類的討論，似已不再具有任何意義。

在「人類與AI融合」的社會中，我們必須提前思考的是，什麼樣的人才能生存下去？這樣的人需要什麼樣的教育？

儘管再過10年後，AI會發展到什麼地步是個未知數，但可以想見的是，「運用自己的頭腦思考」與「真實性學習」的重要性必定會有增無減。

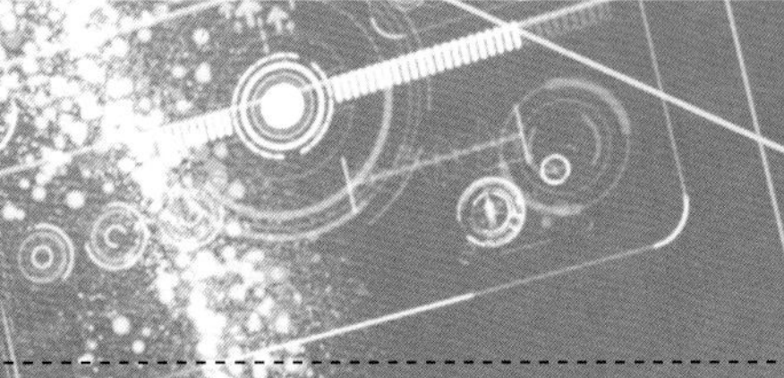

AI與人類融合的社會

AI正以銳不可擋的勁勢融入人類社會的體系。我們首先必須學習「基礎素養」，以便理解它的機制和運用方法，進而善加運用。因此，我們必須思考能夠適應「AI與人類融合」的教育。

Check!

基本用語解說

ACC
adaptive cruise control的縮寫，意為自動巡航系統，也稱為自動跟車。在高速公路等處能跟隨前方車輛行駛，堵車時還能自動採取減速或停止等操作，以便與前車保持適當的車間距離，防止追撞前車。

AI
意為人工智慧。沒有嚴格的定義，泛指能與人類一樣從事學習、推理、判斷等智慧性活動的電腦。

APP
意即應用程式。APP分為驅動個人電腦等裝置的基本軟體（OS），以及因應電子郵件及表格計算等用途而製作的應用軟體。手機下載的遊戲軟體等等也稱為APP。

BERT
Google公司於2018年發表的自然語言處理模型，能使用未附標籤的資料進行事先學習。

BMI
人機介面。是把人腦和電腦連結起來的一項技術。目前正在研發的範圍十分廣泛，例如，和機器手臂或步行輔具等連動而作為復健輔助器材使用、強化人腦機能等等。

e-commerce
electronic commerce的縮寫，意指以電子化的方式，在網路上從事購物及結帳等交易行為的商業活動，統稱為電子商務。

GPS
全球定位系統。利用與環繞地球運行的人造衛星之間的位置關係，能夠測知自己的位置。

GPT-2
Open AI於2019年所發表產生高階文章的語言模型。GPT-3（β版）於2020年6月發表。

ICT
information and communication technology的縮寫，意即資訊與通訊科技。和IT（information technology）的意思幾乎相同，但國際上通常使用ICT。

IoT
internet of things的縮寫，意即物聯網。電視、冰箱、汽車等物品擁有通訊機能，能夠透過網際網路互相交換資訊。

LiDAR
也稱為光達。利用光測量遠處物體之距離及方向的技術或裝置。雷達放出電波，再利用反射回來的反射波確定對方的位置和距離。光達則不用電波，改用光。

NEDO
New Energy and Industrial Technology Development Organization的縮寫，日本國立研究開發法人新能源產業技術綜合開發機構，負責高風險革新性技術的開發及實證，以求解決社會面臨的課題。

NICT
National Institute of Information and Communications Technology的縮寫，日本情報通信研究機構，為資訊與通訊領域的公立專門機構。

Open AI
2015年設立的非營利組織，從事人工智慧相關研究。馬斯克等企業家及投資客也有參與。提供GPT-3等公開原始碼（免費公開軟體的原始碼，讓任何人都能安裝使用）。

二進位法
和日常生活中普遍使用的十進位法不同，只使用0和1這兩種數字來表示數，每2倍往上進一位。運用於電腦等領域。

人工神經元
構成機器學習之一的類神經網路基本單位。模仿人類的神經細胞，當輸入訊號加權後的權值總和超過某個固定的閾值，便會把訊號輸出給其他的神經元。

十進位法
使用數字表示數的方法之一。以10為基數，使用從0到9共10種數字來表示數，每10倍往上進一位。

大數據
透過網際網路等資訊通訊技術而收集的龐大資料。除了資料本身之外，也指藉由資料分析、抽取而獲得的知識與見解。從資料抽取資訊的過程，也稱為資料探勘（data mining）或數據挖掘。

車車間通訊
車與車之間利用無線通訊方式互相收發本身的位置及速度等資訊的技術。

協調型
自動駕駛分為自律型和協調型。其中，協調型是指藉由無線通訊等方式收集從外部提供的資訊，利用這些資訊行駛。協調型自動駕駛需要人車間通訊、車車間通訊、路車間通訊等幾個部分的配合。

知識圖譜
Google檢索演算法的機制。自2012年起追加到Google的搜索引擎中，不只標示出包含檢索關鍵字的檢索結果，也掌握及辨識這個資訊的關聯性及屬性，而顯示出相關的檢索結果。

奇異點
AI超越人類智慧的轉換點。

突觸
神經細胞（神經元）之間的接合部位。神經資訊在突觸的部位轉換成神經傳導物質再傳送。

類神經網路
模仿人類腦神經迴路的AI系統。

動態捕捉
在人體關節等部位安裝感測器，記錄動作，再把物體的動作加以數位化而取用的一種技法。

基本素養
原指讀寫能力，現在則衍伸為能夠適當地理解、說明並運用的能力。

基因組治療
這是個由基因（gene）和染色體（chromosome）合成的名詞，意即DNA的全鹼基配列。乃指對人類的遺傳資訊做全面調查，再依據這些資訊，進行更有效的診斷、治療、預防疾病的醫療。

深度學習
也稱為深層學習，是類神經網路的一種，而類神經網路則是令電腦進行學習的一種機器學習手法。深度學習是把模仿人類腦神經迴路的類神經網路做成多層次，藉此掌握資料中所含的潛在特徵，以求精確，能有效率地判斷。

聊天機器人
把「聊天」和「機器人」組合在一起的名詞，指運用AI的自動對話程式。聊天（chat）原本是指以文字為主在網際網路上進行對話的溝通交流。

軟體
使電腦執行作業的程式總稱。相對於軟體這個名詞，電腦系統的物理性裝置稱為硬體。

通用型AI
能像人類一樣自律性思考、學習、判斷、行動的人工智慧。相反地，限定於特定用途及目的的人工智慧則稱為專用型AI。

無人機
沒有乘載操控人員的無人飛機。英文為drone，原意為雄蜂，也指嗡嗡的聲音。

畫素
英文為pixel，是指電視及電腦等的顯示器上，構成數位畫面的顏色資訊之最小單位點。

程式
電腦能夠判讀的特定形式語言，用來記述命令電腦執行作業的程序。

程式語言
製作成讓電腦能夠理解的人工語言。用於編寫對電腦下指令的程式。早期採用能讓電腦直接解讀而據以運作的機器語言，但現在已經開發出採用人類容易理解的符號及表現的語言。

超級電腦
習用稱謂而沒有明確的定義，一般指能以超高速演算龐大資料的大型電腦。2020年，日本超級電腦富岳的處理速度及性能在HPCG、HPL-AI、Graph500、TOP500的排行榜上都獲世界第一名，達成全世界第一個4冠王。

黑盒子
知道功能但不明瞭內部構造的裝置或系統。記錄飛行速度及高度等資料的飛行記錄器等裝置也稱為黑盒子。

節點
英文為node，意指電腦網路上傳送資訊的接續點。

過度學習
由於學習過度，導致AI之判斷基準變得嚴格的現象。由於基準嚴格，只要樣式稍微不同，就會輸出錯誤的答案。也稱為過適（overfitting）或擬合過度。

電腦
高速進行計算及處理資訊的裝置。

電腦動畫
運用電腦繪圖技術所製作而成的動畫影片。

實證實驗
把新開發的製品及技術等，放在實際場合中做試驗性的使用，以便檢驗實用化問題點的作業。

語音辨識
使電腦辨識人類的語音等。包括辨識語音的內容意義，以及辨識與音色相關的資訊（人物的確定等）。

機器學習
使用電腦分析資料，從中抽取出規則性及法則。

臉部認證系統
辨識個人的一種技術，可從影像抽取出人的眼睛及鼻子等五官位置、臉部輪廓等特徵進行辨識。另有一種臉部辨識系統，是從影像中找出人臉，通常配備於數位相機等裝置，以便把焦點對準人臉。

翻譯銀行
日本政府為了提升自動翻譯系統的精確度，以求對於更專門的領域也能翻譯，而接受地方自治體、企業及各種團體等所提供的翻譯資料，把這些資料累積起來，運用於自動翻譯技術的一項嘗試。

Index

▼ 索引

A～Z

一畫

十一畫

十二畫

十三畫

十四畫

十五畫

十六畫以上

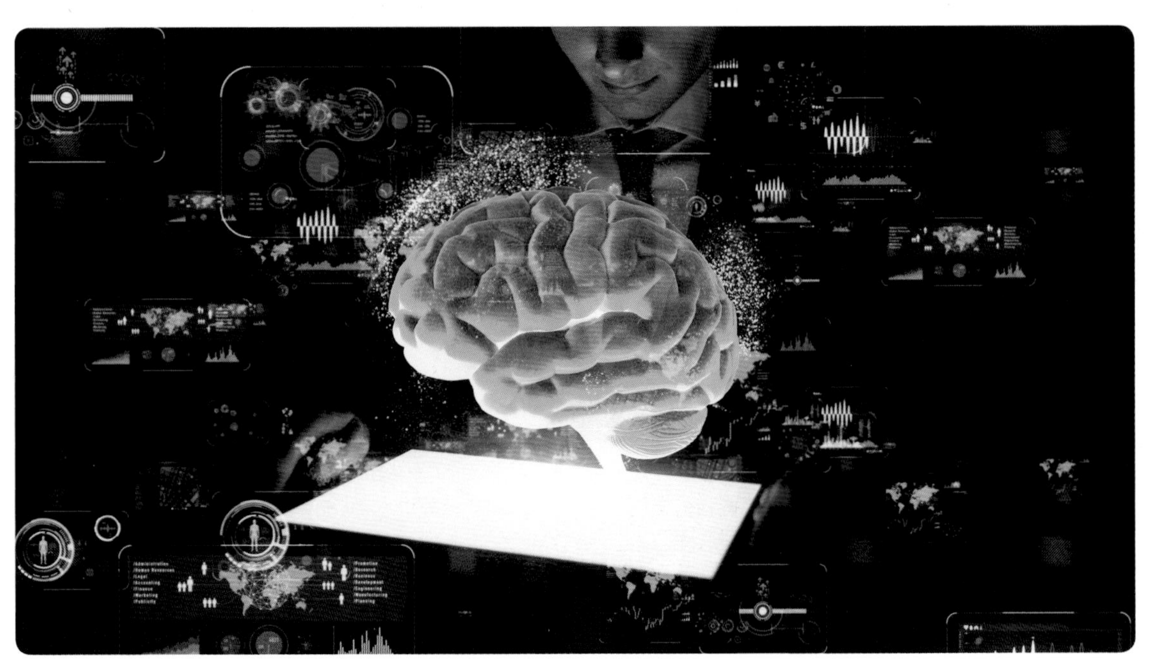

Staff

Editorial Management	木村直之
Editorial Staff	中村真哉，矢野亜希
Writer	尾崎太一
Design Format	三河真一（株式会社ロッケン）
DTP Operation	阿万 愛

Photograph

6-7	tampatra/stock.adobe.com
8-9	Sdecoret/stock.adobe.com
10-11	Alexander Limbach/stock.adobe.com，AndSus/stock.adobe.com
12-13	zapp2photo/stock.adobe.com，悠太郎松尾/stock.adobe.com，AlenKadr/stock.adobe.com，tamayura39/stock.adobe.com
14-15	WU/stock.adobe.com，tsuneomp/stock.adobe.com
16-17	metamorworks/stock.adobe.com，Alexander/stock.adobe.com，elroce/stock.adobe.com，metamorworks/stock.adobe.com，metamorworks/stock.adobe.com，metamorworks/stock.adobe.com
18-19	metamorworks/stock.adobe.com，oka/stock.adobe.com
20-21	metamorworks/stock.adobe.com
22-23	xyz+/stock.adobe.com，（エドバック）パブリック・ドメイン via ウィキメディア・コモンズ，（フォン・ノイマン）©Copyright Triad National Security, LLC. All Rights Reserved.
24-25	（アラン・チューリング）パブリック・ドメイン via ウィキメディア・コモンズ，Olesia Bilkei/stock.adobe.com
26-27	bluebackimage/stock.adobe.com
48-49	Mopic/stock.adobe.com
52-53	Vadim/stock.adobe.com
54-55	Nomad_Soul/stock.adobe.com，cassis/stock.adobe.com
56-57	組織標本：東邦大学医療センター佐倉病院
58-59	（ホリープ）National Cancer Center, Japan，（内視鏡イメージ）nobasuke/stock.adobe.com
60	Yakobchuk Olena/stock.adobe.com
64	慶應義塾大学医学部精神・神経科学教室／UNDERPINプロジェクト／CREST
66-67	メディエライト合同会社 代表／東北大学病院 客員教授 中村亮一
69	Shutterstock
70-71	CREATIVE WONDER/stock.adobe.com
76-77	北岡明佳
78-79	andreusK/stock.adobe.com
80-81	kegfire/stock.adobe.com
82-83	sritakoset/stock.adobe.com，Kmaeda/stock.adobe.com，Good Studio/stock.adobe.com
84-85	ソースネクスト株式会社，国立研究開発法人 情報通信研究機構，BillionPhotos.com/stock.adobe.com
86-87	metamorworks/stock.adobe.com
92～95	picoStudio/stock.adobe.com，stmool/stock.adobe.com，mapleco/stock.adobe.com，KovalenkoDigital Bazaar I/stock.adobe.com，ONYXprj/stock.adobe.com，pixelalex/stock.adobe.com，aber14/stock.adobe.com，Siarhei/stock.adobe.com
96-97	Syda Productions/stock.adobe.com，enzozo/stock.adobe.com
98-99	metamorworks/stock.adobe.com
100-101	東京工業大学
103	kinwun/stock.adobe.com
104-105	metamorworks/stock.adobe.com
106-107	株式会社ティアフォー／提雅智行(TIER IV)
109	提供：新エネルギー・産業技術総合開発機構（NEDO）
110-111	オムロン株式会社
113	トヨタ自動車株式会社
114-115	ZMP Inc. ,HINOMARU Kotsu Co.,Ltd., BOLDLY Inc., YAMATO HOLDINGS CO., LTD., DeNA Co., Ltd.
116-117	maimu/stock.adobe.com
118-119	Gorodenkoff/stock.adobe.com
122-123	muratefe/stock.adobe.com
124-125	株式会社TOUCH TO GO
126-127	Elnur/stock.adobe.com
128-129	buritora/stock.adobe.com
130-131	kasto/stock.adobe.com
132-133	ACワークス株式会社
134-135	Shutterstock，matimix/stock.adobe.com
136-137	©2016SQUAREENIXCO., LTD. AllRightsReserved. MAIN CHARACTER DESIGN:TETSUYA NOMURA，George Dolgikh/stock.adobe.com
138-139	首都高技術株式会社
141	徐一斌
142-143	NASA/Ames Research Center/Wendy Stenzel，NASA/JPL-Caltech/Wendy Stenzel，hosiya/stock.adobe.com
144-145	SoftBank Robotics Corp. Nay/stock.adobe.com，photolink/stock.adobe.com，chesky/stock.adobe.com，Preferred Networks, Inc.
147	Shutterstock
148-149	Sikov/stock.adobe.com
150-151	MicroOne/stock.adobe.com
156	ZinetroN/stock.adobe.com
158	Norisu/stock.adobe.com
164-165	kimi/stock.adobe.com，iaremenko/stock.adobe.com，大阪大学 長井隆行
166-167	issaronow/stock.adobe.com，goro20/stock.adobe.com，EXTREMFOTOS/stock.adobe.com，majivecka/stock.adobe.com
168-169	denisismagilov/stock.adobe.com，your123/stock.adobe.com
170-171	zinkevych/stock.adobe.com，zinkevych/stock.adobe.com
172-173	denisismagilov/stock.adobe.com

174-175	Goodfellow et al.（2015）.Explaining and harnessing adversarial examples. arXiv:1412.6572v3，Sander Meertins/stock.adobe.com
176-177	Andrey Popov/stock.adobe.com
178-179	metamorworks/stock.adobe.com，metamorworks/stock.adobe.com
181	Monopoly919/stock.adobe.com，zapp2photo/stock.adobe.com，M.Dörr & M.Frommherz/stock.adobe.com
182-183	carloscastilla/stock.adobe.com，Hanasaki/stock.adobe.com
184-185	and4me/stock.adobe.com
186-187	phonlamaiphoto/stock.adobe.com
188-189	phonlamaiphoto/stock.adobe.com
190-191	AKA株式会社「Musio X（ミュージオ・エックス）」，株式会社COMPASS「Qubena（キュビナ）」
192-193	東北大学 渡部信一・佐藤克美研究室，AlesiaKan/stock.adobe.com
194-195	東北大学 渡部・中島・羽鳥・塩入プロジェクト，東北大学 渡部信一・佐藤克美研究室
196-197	Photographee.eu/stock.adobe.com
198-199	metamorworks/stock.adobe.com

Illustration

Cover Design	三河真一（株式会社ロッケン）
8-10	Newton Press
11	Newton Press・秋廣翔子
18-19	（カーツワイル）秋廣翔子，Newton Press
23	Newton Press
25	Newton Press，（チューリングテスト）秋廣翔子
28～34	Newton Press
35	小林 稔
36-37	Newton Press
38～41	Newton Press（【ヒマワリ】Plateresca/Shutterstock.com，Ian 2010/Shutterstock.com，【チューリップ】Mikhail Abramov/Shutterstock.com）
42～45	Newton Press・カサネ・治
46-47	Newton Press【左頁ネコ，右頁上段左から2，3番目，最下段右端】iagodina/stock.adobe.com，Asichka/stock.adobe.com
50-51	Newton Press・カサネ・治
57	Newton Press
60-61	Newton Press（断層画像：エルピクセル株式会社，画像ビューワー：株式会社NOBORI）
62-63	Newton Press（断層画像：エルピクセル株式会社，データ入力画面:株式会社エムネス）
65	Newton Press
68-69	Newton Press
70	Newton Press
72-73	Newton Press（分子モデル：PDB ID 4EK3，ePMV（Johnson, G.T. and Autin, L., Goodsell, D.S., Sanner, M.F., Olson, A.J.（2011）. ePMV Embeds Molecular Modeling into Professional Animation Software Environments. Structure 19, 293-303），PubChem（Kim S, Chen J, Cheng T, Gindulyte A, He J, He S, Li Q, Shoemaker BA, Thiessen PA, Yu B, Zaslavsky L, Zhang J, Bolton EE. PubChem 2019），MSMS molecular surface（Sanner, M.F., Spehner, J.-C., and Olson, A.J.（1996）Reduced surface:an efficient way to compute molecular surfaces. Biopolymers, Vol. 38,（3）,305-320））
74～75	Newton Press
80～81	Newton Press
84～91	Newton Press
92～93	Newton Press（りんな：rinna株式会社提供）
100～101	Newton Press
102～103	吉原成行
104	Newton Press
108	吉原成行
109	Newton Press
111	Newton Press
112	Newton Press
120～121	Newton Press，Newton Press・太湯雅晴
122	Newton Press
131	Newton Press・秋廣翔子
132～135	Newton Press
140～141	Newton Press
150～165	Newton Press
180	Newton Press

Galileo科學大圖鑑系列 12

VISUAL BOOK OF THE ARTIFICIAL INTELLIGENCE

AI大圖鑑

作者／日本Newton Press
執行副總編輯／陳育仁
翻譯／黃經良
編輯／林庭安
發行人／周元白
出版者／人人出版股份有限公司
地址／231028新北市新店區寶橋路235巷6弄6號7樓
電話／(02)2918-3366（代表號）
傳真／(02)2914-0000
網址／www.jjp.com.tw
郵政劃撥帳號／16402311人人出版股份有限公司
製版印刷／長城製版印刷股份有限公司
電話／(02)2918-3366（代表號）
經銷商／聯合發行股份有限公司
電話／(02)2917-8022
香港經銷商／一代匯集
電話／(852)2783-8102
第一版第一刷／2022年9月
定價／新台幣630元
港幣210元

NEWTON DAIZUKAN SERIES AI DAI ZUKAN

國家圖書館出版品預行編目資料

AI大圖鑑 / Visual book of the artificial intelligence/
日本 Newton Press 作；
黃經良翻譯. -- 第一版. -- 新北市：
人人出版股份有限公司, 2022.09
面；　公分. -- (Galileo 科學大圖鑑系列)
(伽利略科學大圖鑑；12)
ISBN 978-986-461-303-8（平裝）
1.CST：人工智慧

312.83　　111011850